本专著由华北水利水电大学高层次人才科...

绿色建筑技术
与生态城市发展路径研究

曾桂香 王 楠 著

中国水利水电出版社
www.waterpub.com.cn
·北京·

内 容 提 要

面对全球环境的不断恶化，人们越来越关注生态环境与可持续发展问题，许多城市纷纷提出了建设生态城市的规划，而发展绿色建筑则是生态城市建设中的一个关键要素。

本书以绿色建筑与生态城市为视角，以保持经济发展、社会进步以及生态保护三者高度和谐为目的，研究并探索生态空间体系的规范、绿色生态城市规划技术以及有效节能的利用技术等，以期维护城市生态安全，为生态城市可持续发展探索一条有益的途径。

本书可以供建筑规划与建筑行业相关人员参考，以期能为城市生态文明建设的相关工作提供有益的借鉴。

图书在版编目(CIP)数据

绿色建筑技术与生态城市发展路径研究/曾桂香，王楠著. —北京：中国水利水电出版社，2017.11
ISBN 978-7-5170-6044-4

Ⅰ.①绿… Ⅱ.①曾… ②王… Ⅲ.①生态建筑—关系—生态城市—城市建设—研究—中国 Ⅳ.①TU-023 ②X321.2

中国版本图书馆CIP数据核字(2017)第281710号

书　　名	绿色建筑技术与生态城市发展路径研究 LÜSE JIANZHU JISHU YU SHENGTAI CHENGSHI FAZHAN LUJING YANJIU
作　　者	曾桂香　王　楠　著
出版发行	中国水利水电出版社 (北京市海淀区玉渊潭南路1号D座 100038) 网址：www.waterpub.com.cn E-mail:sales@waterpub.com.cn 电话：(010)68367658(营销中心)
经　　售	北京科水图书销售中心(零售) 电话：(010)88383994、63202643、68545874 全国各地新华书店和相关出版物销售网点
排　　版	北京亚吉飞数码科技有限公司
印　　刷	三河市天润建兴印务有限公司
规　　格	170mm×240mm　16开本　12.75印张　228千字
版　　次	2018年7月第1版　2018年7月第1次印刷
印　　数	0001—2000册
定　　价	61.00元

凡购买我社图书，如有缺页、倒页、脱页的，本社营销中心负责调换

版权所有·侵权必究

前　言

面对全球环境的不断恶化，人们越来越关注生态环境与可持续发展问题，许多城市纷纷提出了建设"生态城市"的规划，而发展"绿色建筑"则是"生态城市"建设中的一个关键要素。近年来，绿色建筑与生态城市的理念在国内大跨步地发展，但是由于该理念在国内起步较晚，基础理论及思想准备不足，认识水平还没有提升到一定高度，以及其他一系列的因素，"绿色建筑"在我国的发展始终无法提升到新的高度。在这样的国内社会环境之下，本书以绿色建筑与生态城市为视角，以保持经济发展、社会进步以及生态保护三者高度和谐为目的，研究并探索生态空间体系的规范、绿色生态城市规划技术以及有效节能的利用技术等，以期维护城市生态安全，为生态城市可持续发展探索一条有益的途径。

全书分为两个部分，阐述了绿色建筑技术以及生态城市发展的主要内容。其中，第一章、第二章和第四章为理论篇。第一章主要梳理了生态文明的概念、生态文明下生态城市的发展以及生态文明与新型城镇的机遇与问题。第二章主要阐述了绿色建筑的概念、绿色建筑的发展以及国内外对其评价体系的分析。第四章主要论述了可持续发展指标体系的发展演变以及国内外生态社区指标体系，并阐述了构建健康生态社区的评价体系。第三章、第五章和第六章为技术篇，结合多个成功、操作性强的案例，分别阐述了生态城市空间规划设计技术、生态城市绿色交通规划应用技术、城市建筑节能与能源有效利用技术。其中第五章由身份证为 410901199001184036 的王楠撰写，其余全部由华北水利水电大学曾桂香教授撰写。全书较系统地对生态城市空间规划、城市节能建筑、绿色交通规划、绿色建筑、生态城市社区中的多个环节进行较为详尽的论述，期望能为城市生态文明建设的相关工作提供有益的借鉴。

绿色建筑与生态城市在很多方面尚待研究和完善，因此，本书的撰写仍有不全面、不具体、不恰当的地方。同时，由于作者学识水平、专业知识和时间的限制，书中疏漏之处在所难免，敬请读者批评指正。

作者
2017 年 9 月

目 录

前言

第一章 生态文明时代新型城镇的发展与转型 …… 1
第一节 生态文明概念的提出与相关研究 …… 1
第二节 我国城镇化与文明转型机遇和挑战 …… 7
第三节 生态文明下的生态城市发展 …… 18
第四节 国内外城镇生态文明建设经验与问题 …… 23

第二章 绿色建筑发展研究与评估体系分析 …… 46
第一节 绿色建筑的概念辨析 …… 46
第二节 绿色建筑的发展研究 …… 48
第三节 国内外绿色建筑的基本情况和评价评估体系分析 …… 52

第三章 生态城市空间规划设计技术 …… 72
第一节 城市生态空间体系规划的内涵解析 …… 72
第二节 近现代与生态城市有关的城市规划理论与实践 …… 77
第三节 生态城市空间规划关键技术与方法 …… 86

第四章 生态城市社区评价指标体系的整合 …… 98
第一节 可持续发展指标体系的发展演变 …… 98
第二节 国内外生态社区指标体系研究 …… 112
第三节 健康生态社区评价体系的构建思路 …… 118

第五章 生态城市绿色交通规划应用技术 …… 125
第一节 生态交通规划的理论基础 …… 125
第二节 创建一个健康的人本化绿色交通环境 …… 141
第三节 生态城市交通方式结构优化技术 …… 146

第六章 城市建筑节能与能源有效利用技术	154
第一节 建筑节能的概念界定与设计要求	154
第二节 绿色建筑的节能设计方法	161
第三节 绿色建筑节地、节水、节材设计规则	168
第四节 绿色建筑环保设计	190

主要参考文献 …… 195

第一章 生态文明时代新型城镇的发展与转型

第一节 生态文明概念的提出与相关研究

随着生态环境不断地被人类破坏,"保护环境人人有责"成为各个国家在生态环境建设方面最重要的口号。而在我国,十七大报告中胡锦涛同志的言论发表,环境保护以国家形式出现的概念被称作生态文明。[①] 这一概念的提出,使人们对于环境有了新的认识,促进了我国在环境保护方面的发展。

一、生态文明概念的早期出现

早期产生的"生态文明"概念,在学术上有着不同的分界。

一是1985年2月18日,《光明日报》发表短篇文章《在成熟社会主义条件下培养个人生态文明的途径》。文章指出:"苏联《莫斯科大学报·科学共产主义》1984年第2期发表文章认为,共产主义的教育内容里面,对于生态文明的培养是必不可少的,而生态文明的培养也可以带动共产主义教育事业的发展。"生态文明既可以表现在生态环境对人类生活的影响,也可以表现在自然资源对人类生活的作用上面。同时体现生态文明对于社会发展的相互作用与进步。

二是西南农业大学教授叶谦吉在1987年召开的全国生态农业研讨会上提出"大力提倡生态文明建设"的主张,他作出以下言论:"所谓的生态文

[①] 胡锦涛同志在十七大报告中指出:"建设生态文明,基本形成节约能源、资源和保护生态环境的产业结构、增长方式、消费模式;循环经济形成较大规模,可再生能源比重显著上升;主要污染物排放得到有效控制,生态环境质量明显改善;生态文明观念在全社会牢固树立。"

明,就是人类既获利于自然,又还利于自然,在改造自然的同时又保护自然,人与自然之间保持着和谐统一的关系。"[1]叶谦吉的主张的发表,使得人们对于环境破坏所带来的严重影响有了深刻的认知,因为远古时期文明的灭亡,就有环境破坏所带来的严重影响的成分,尽管战争也可能对文明的灭亡造成影响,但是生态环境的破坏带来的影响才是巨大的,不可逆的,是全面的和大范围的破坏。

三是1988年刘宗超发表《地球表层系统的信息增殖》一文,指出要"确立全球生态意识和全球生态文明观";刘宗超在《生态文明观与中国可持续发展走向》这篇文章中通过理论与实践两方面进行探讨,指出生态文明是一种方法论,是新的社会文明形态的世界观,是通过人们认识改造世界过程中得出的结论。由于刘宗超在生态文明方面的影响,被有关文章称作全球"生态文明"第一人。

由以上可以得出结论,"生态文明"这个词的第一次出现,是在《光明日报》上面,而这篇文章是转载于苏联的相关文献。但是在中国,提出这一概念的比较全面并且比较透彻的是叶谦吉教授,所以该教授被中国学术界认定是提出这一概念的第一人。

二、生态文明概念提出的背景和依据

因为环境的破坏带来的影响巨大,涉及生活本身,所以我国乃至世界都对生态文明概念高度重视,已经列入国家重点改进问题。足以见证我们对这一问题的高度重视,也体现了我们改造环境造福人类的坚定信念。

(一)中国建设小康社会面临的生态困境

1. 资源能源的不足

能源的使用是生活必需,但是我国经济发展中正面临能源短缺的问题。从国家发改委公布《能源发展"十一五"规划》以来,越来越明显地发现我国能源不足的问题,因为我国人口众多,人们消费的能源也就相对巨大,而且经济的发展带动了能源的快速消耗。煤炭作为我国的主要消耗能源,消费速度也相对加快。但是通过这一点,也可以找到解决问题的方法,那就是降

---

[1] 徐春.生态文明是科学自觉的文明形态[EB/OL].http://www.cenews.cn/xwzx/gd/qt/201101/t20110124_692048.html.

低煤炭的使用率,多多开发其他能源。

2. 生态环境的恶化

我国生态环境的不断恶化,导致我国环境面临众多问题,其中最为严重的是水体、大气和生物多样性污染。这一系列的环境污染,广泛引起了大众的关注和重视。同时我国也存在其他多方面的生态环境问题。比如说水体污染,因为工厂的废水排放,导致水质受到严重污染,我国已经有二分之一地区的水质受到污染。也就是说,有一半地区的人们没有干净的饮用水。这样的水体,已经无法正常使用。沿海地区的水体破坏也十分严重,很多海洋生物因为水体破坏无法维系生命乃至濒临灭绝。其中湖泊受到不同程度的富氧化程度,"三湖"(太湖、巢湖、滇池)湖体水质均为劣Ⅴ类。[1]

(二)生态危机给中国带来的负面影响

1. 生态危机给中国经济发展带来巨大损失

没有细化的经济发展模式和粗放的管理模式导致资源大量浪费和环境大面积的污染。据有关部门研究计算,由于生态环境的破坏,我国西部地区在2001年的经济损失相当于当地同期国内生产总值的13%。[2] 由于生态环境的破坏,淮河流域已经降低了15%的GDP。比淮河流域更为严重的是太湖滇池的蓝藻污染和黄河的高盐度废水污染。这些实际现象给当地的经济造成了巨大损失。其中仅仅因为黄河的水污染问题,就使该地经济损失高达115~156亿元。[3] 2004年,《中国环境经济核算2004绿皮书》公布数据显示,2004年全国因环境污染造成的经济损失为5 118亿元,占GDP的比例为3.05%。经济合作与发展组织(OECD)说,2015年全球污染造成的开支约为210亿美元,由于包括中国和韩国在内国家的经济增长,这个数字增至8倍以上,达1 760亿美元。

据世界银行和国内有关研究机构测算,20世纪90年代中期,中国的经济增长有2/3是在对生态环境透支的基础上实现的。中国的生态环境问题虽然有其自然环境脆弱、气候异常的客观原因,但主要还是人为不合理的经

---

[1] 钱俊生.生态文明:人类文明观的转型[J].中共中央党校学报,2008(7).
[2] 张维庆.人口、资源、环境与可持续发展干部读本[M].杭州:浙江人民出版社,2004.
[3] 路甬祥.在2008浙江暨杭州市科协年会开幕式上的报告[N].杭州日报,2008-09-28.

济行为和粗放型资源开发方式导致的。

2.生态危机威胁到我国的社会安定

工厂排废导致居民环境受到影响,以致环境纠纷事件比比皆是。这类纠纷事件的频繁发生,足以见证生态环境的破坏对生活带来的严重影响。企业和政府之间的相互利用和保护,使得居民的合法权益得不到保障,在这种状况之下,企业和居民的冲突最终反映的是政府与民众的冲突,最终群众的愤怒会转向政府。[①]

3.生态危机加剧了自然灾害发生的频率

众所周知,环境保护人人有责,良好的生态环境是人类赖以生存的必要条件。人们的生活改变着生态环境,生态环境也会以它自己的方式,回馈人类社会。以酸雨为例,就是人类破坏地表环境之后,地球环境对人类的有力反击。酸雨破坏了植被的同时,也破坏了海洋湖泊里的各种生态系统。酸雨报复了所有的欧洲大陆国家,也报复了我国的浙江省、上海市、江苏省。其中,工厂比较多的城市受害更加严重。

三、生态文明的实现途径

(一)生态文明与其他概念的关系

生态经济、低碳经济、节能减排及循环经济和生态文明之间具有一定的逻辑关系,都是与经济发展为基础的,而对比这五项更具有哲学高度的是生态文明这一概念。因为生态文明能更加鲜明更加深刻地表现出人类的社会和生存形态,如图1-1所示。

---

① 刘效仁.环境问题为啥引发群体性事件[N].中国环境报,2008-09-19.

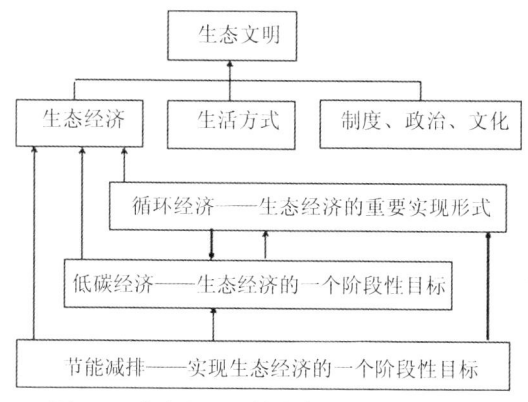

图 1-1 生态文明下的人类社会和生存形态

(二)生态文明的具体实现途径

1. 生态问题的现状和原因

经济发展的同时,会有很多重工业的兴起和发展,这会加重生态环境的破坏,想要减少或制止这种破坏的发生,就必须从经济增长方式着手。同时,导致生态环境和经济发展的矛盾恶化的原因除了经济的发展原因之外,还有人文社会因素[①],但究其最本质的原因,还是我们现在的社会不重视自然,不保护环境,没有与自然环境和平共处的观念。

因此,提出生态文明的观点,会让普罗大众在保护自然的思想认知上得到帮助,也能够因此让我们不再继续破坏生态平衡,得以在地球上健康安全地生活下去。

2. 以可持续发展思想为指导,改变经济增长模式

一要做到利用投资的方式,带动经济增长,不单一地想着如何提高经济增长百分比,而是从多方面进行改变和沟通,比如从消费、投资和出口三方进行入手。

二要在不改变第一产业为主的前提下,多方发展其他产业,让产业向绿色生态方面逐步转化(田文富,2008)。

三是要不断创新,在技术上、科技上做到创新的同时,找到更多的不破坏环境的发展模式,大力宣传循环经济和节能减排技术的应用与发展。从

---

① 人文社会因素包括人口众多、缺乏环境保护和生态保护的意识、生态恶化与贫困化共生等。

企业、区域和社会三个层面贯彻循环经济的"3R"原则[①],实现"三生共赢"(即生产发展、生活富裕和生态良好)(王朝全,2009)。

四、生态文明的测度与评价

在国际上,对于生态文明的评价指标一直都没有统一规范,我国的这一体系更是处在低级阶段。通过对很多重要文献的参考研究之后,从环境质量、社会发展和经济发展三方面对评价指标进行了细致深度的分析研究。其中1993年由联合国提出的生态国内产出(Environment Domestic Products,EDP)绿色GDP指标,则是生态文明建设的非直接评价的指标,绿色GDP指标的职责就是保证GDP的平衡发展,在GDP的计量当中包括资源环境因素,即在GDP的基础上扣减资源环境成本,得到经过资源环境因素调整的GDP,通俗的称呼就是绿色GDP。其公式如下:

绿色GDP=GDP-自然资源损耗-环境退化损失-预防环境损害支出-资源环境恢复费用-调整项(1)

从20世纪70年代开始,联合国和世界银行等国际组织在绿色GDP的研究和推广方面做了大量工作。2002年4月,世界发展中国家可持续发展峰会在阿尔巴尼亚召开,会上牛文元教授用"绿色GDP"的理论来解释可持续发展,把它化解为5个指标:①单位GDP的排污量;②单位GDP的能耗量;③单位GDP的水耗量;④单位GDP投入教育的比例;⑤人均创造GDP的数值,创造越高,说明社会越发展。这5个指标被与会的一百多个国家接受并作为大会宣言发表。这5个量化的指标,让我们对挂在口头上多年的可持续发展的含义有了真正的理解,对实现可持续发展有了实实在在的探索性标准。

2004年以来,我国也在积极开展绿色GDP核算的研究。2004年,国家统计局、国家环保总局正式联合开展了中国环境与经济核算绿色GDP研究工作。中国在竭力应对经济高速发展带来的环境后果,这引起了不少关注。据调查,有10个省已在尝试测算并报告"绿色GDP"。"绿色GDP"是中国最新五年规划的中心,节约、环保的经济增长是其首要任务。据估计,中国每单位GDP能耗是美国的3倍、日本的9倍。

由于环境不断被破坏,我们所得出的数据也是不够完全准确的,就连国外也无法做到准确无误地测算出来这个数值。尽管如此,仍然不能阻止我

---

① "3R"——减量化(reduce)、再利用(reuse)和再循环(recycle)。

们下定决心对生态文明进行评价,我们会全力以赴共同保护环境。

这一指标十分重要,是我们评价生态文明建设的重要参考,虽然有不足,但是学者们依然坚持不懈地进行完善和奋斗。希望通过我们的努力,使生态文明发展道路更加顺利,也使得我们未来的生态文明的发展工作通过这个指标作为基础研究,为我们更好地发展和建立更好的评价指标做出更广的启发。

第二节 我国城镇化与文明转型机遇和挑战

一、我国城镇化与文明转型机遇

(一)人类文明与城镇化发展的轨迹与趋势

依据人类文明史,农业文明时期城镇化逐渐开始形成,工业文明加速了城镇化的发展,由于这一时期出现的资源和环境问题,文明也有待于转型。人类从事农耕文明也有十万年以上历史,源于农耕文明这种特殊的循环经济模式,所以生态、资源和环境并没有被人类活动影响很多。仅仅诞生不到300年的工业文明就让人类消耗掉地球上绝大部分易开采的能源和矿藏,生态系统早已承受不起这样的破坏,人类文明进化模式转型迫在眉睫,因为大气层中的二氧化碳浓度已经超标。只有在工业化实现向后工业文明转化的基础上,才能实现生态文明的转化。人类的聚居区"城镇"伴随着工业化向城镇化和机动化转变的过程已经逐渐形成,同时会消耗大量的能源和资源,而这一切是人类难以改变的。

显而易见,文明的转型必须在城镇化的基础上才可以实现。城镇化在实现文明转型的过程中有着至关重要的作用,不仅可以扩大内需、促进创新、提升国力,更能够优化城乡关系、促进可持续发展和实现文明转型。我国恰逢崛起的过程中有这么一个机会窗口,我们一定要把握和利用这个千载难逢的机会,顺利实现文明转型、民族的复兴与和平崛起。

截至目前,世界范围内共出现三次城镇化改革:首次发生在欧洲用时两百年左右的浪潮;其次发生在美国用时一百年左右的浪潮;最后一次用时40~50年发生在拉美以及其他发展中国家的浪潮。

来自英国城市规划学家彼得·霍尔(Peter Hall)的评论,三种不同的模式已经在全球范围内的城镇化现象中呈现出来：①以拉美、非洲为代表的"混乱"的城镇化，在劳动力转出之后，因为进城很难实现普遍就业所以变成贫民；②以欧洲为代表的"衰退"的城镇化，老龄化问题越来越严重导致经济不景气，为了节约生活成本每年会有一部分迁回农村；③以中国为代表的东亚各国发展较好的城镇化，主要特点是人口转移与就业安排可以同时实现，所以中国的城镇化模式被他国赞誉为成功的"长江范例"。

我国的城镇化现在已经进入一个腾飞的时代，按常理，我国城市化率虽然已经超过50%，但仍然还有25~30年的空间可以发展。与之前的三次城镇化浪潮比较，我国的城镇化体现出独有的特点，具体有以下三点：

第一，我国在未来的二三十年时间内可以率先完成城镇化，因为起步就比第一次城镇化缩短了时间。城镇化的完成基本就可以确定城市的布局形态、建筑的框架。推进城市、建筑节能减排要立马着手进行，而不能等到城市、建筑、交通方面成型之后，那时候再做已经来不及了。

第二，我国是全球范围内独自进行城镇化的大国。城镇化所带来的环境压力绝不可能通过向国外输出人口来解决。而国际上在第一次、第二次、第三次城市化期间，各国为了减轻城市化所带来的资源环境压力，在顶峰时输出了大量的移民，为了维持城市化的持续发展更从殖民地掠夺了大量的资源。

第三，我国的城镇化过程中也遇到了像高粮价、高油价、国际社会对环境的严格控制等特殊环境，更承受着二氧化碳温室气体减排的巨大压力。这也是一把"双刃剑"，有利的是一条前人从未探索过的新型城镇化的道路应运而生，不利的是我国城镇刚刚发展30年，城市病已经缠身，温室气体排放量已居全球首位，国际上就要给我们吃"减肥药"了。

关键性的问题也出现在我国的快速城镇化中。例如一些地方不和谐的城乡发展、资源利用和开发建设在区域发展中不匹配；城镇发展方式不细化，环境污染超标，资源使用限制；各类开发区和新区在城市总体规划之外涌现出来，不合理地使用土地；缺少城乡文明和地域风土人情，建造过多名胜古迹；城乡防灾减灾不符合标准线，应急安全保障能力欠缺；地下管线设备不齐全、管理制度不健全，存在安全隐患；同时也出现了像城市交通堵塞恶化、停车位不足、城市管理制度不完善、推迟处理群众诉求等问题。

我国如果能控制年城镇化率在1%上下就能实现和谐、有序的城镇化发展，避免出现4%~5%过高的城镇化率，例如非洲、拉美国家。美国城市规划占比巨大，二氧化碳气体排放量都与我国不相上下，虽然美国的人口仅占全球人口的5%。从目前来说，虽然我国有着很高的人口数量，但是由工业化推动而来的城镇化中人均排放仅为世界的平均水平，如果我国采取美国式的城市化发展模式,未来的总排放量将是一个巨大的数字。这将是我们无法承受的,所以我国绝不能走美国的城市化模式道路。

(二)城市发展转型的必然性与迫切性

在我国城镇化快速发展阶段,中央大力倡导"生态文明"建设,着力解决和避免城镇化快速过程中遗留下来的问题,城市发展模式已经向城市的"精明增长"转型。人类文明发展的新型模式就是生态文明。城市是文明的重要载体,创立生态文明首先就需要实践城市发展模式的转型,工业文明300年发展历程给转型路径留下了深刻的启示和经验。近万年的农耕文明从未给地球带来破坏,但工业文明仅仅诞生300年就耗损了大部分的地球资源,大气层中温室气体浓度已经达到极限,也几乎超出了生态环境所能承受的限度。显而易见,工业文明不能永久发展的,生态文明转型已经迫在眉睫,最关键的是城市转型。

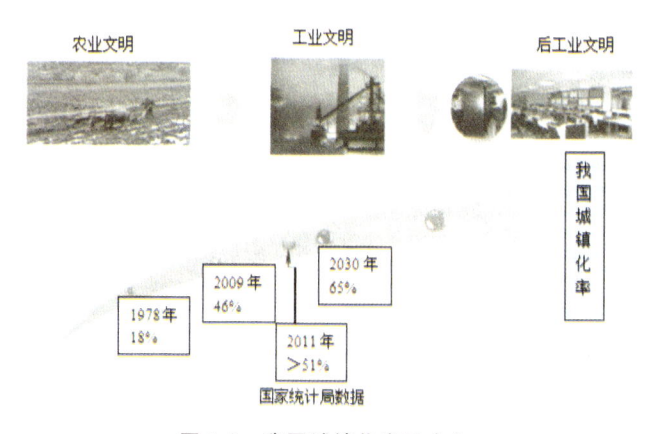

图 1-2　我国城镇化发展方向

现阶段我国城市发展转型已经势如破竹:一是30年快速发展的城镇化和建设规划已经形成城市空间格局和基本框架,还有显而易见的城市的边界扩张。十年之前还不敢想象,而今天中央有关文件在"十二五"期间明令开始规划城市的边界。二是初步建成或规划完成城市大型的基础设施。像基本完成的或正在建设的城市主要道路框架、给排水管网、城市能源系统、城市轨道交通等。三是城镇化出现的不合理的问题,比如初期大拆大建,这也引起了"建筑短命"、资源能源浪费,违反了社会和谐的要求。立法机构颁布的新的"拆迁条例"限制了地方政府的强制拆迁权。四是市民越来越渴望好的居住环境。简单的居住空间的需要已经不能满足人们的需求,现在更追求居住和生活品质。时代发展的要求已经趋于质量型的城镇化。以人为本的新型城镇化是未来我国要达到的目标。五是节能减排来应对气候变化应该以城市为单位来实现。我国作为具有重要国际地位的国家必须承担起这份责任。80%的废物、废气、二氧化碳气体都来自城市。2000多年前,古希腊哲学家亚里士多德曾经说过,"为了追求更美好的生活所以人类向城市聚集。"但是地球走向毁灭的最大罪人就是城市的工业化文明。归根结底,城市转型才能够解决这些问题。

我国城市发展转型已经迫在眉睫。第一,美国人所消耗的汽油相当于5个欧盟区居民的消耗量这已经成为美国在城镇化发展中后期出现的严重城市蔓延问题。就连奥巴马倡导的"绿色革命"也无法让这种错误走入正途,我国必须要规避这样的错误。城市发展模式是日新月异的,最主要的是紧凑,后人很难处理,可能出现过度郊区化。在这样的关键时刻我国要避免城市低密度蔓延。第二,多数领导人仍致力于建筑的增幅和明显的业绩,这在城镇化初期可以提倡,但是到城镇化中后期却不适用,与以人为本的理念不符合,更违背了和谐的自然观。第三,当时貌似正确的策略工业文明像追求城市明确功能板块和让城市规划适应汽车等造成的严重影响已经难以解决,还有日益严重的石油危机、空气污染、交通拥堵等问题,事实证明单一的功能主义的方法已经不适用。第四,处理城市废弃物的方法已经变为集中式处理对应于福特式大规模工业生产体系,"3R"[①]式处理方式难以启动。"3R"这种与自然和谐的废物处理模式至今不能推广下去是因为:受福特式工业体系所形成的观念影响,所有的城市"动脉"和"静脉"产业活动都被纳入了大型流水线,而且这种集中式城市废弃物的处理模式形成了强大的利益体系,一切出发点都来源于利益。基于"规模效益"的废弃物、污水处理厂、核电站、煤气厂等集中式处理设施,在处理的过程中往往加入或产生有毒、易燃、腐蚀性强的化学物质。这些中心式的巨大设施如果遭到人为的破坏或者失效就会终止城市的整体运行。有人视它为"大规模杀伤性武器"[②],拥有这类大型设施的人口密集、工业发达的国家被认为不堪一击。第五,部分规划师因为前期取得的巨大城镇化成就而满足于"精英式决策"。我国规划师从威下达斯基和亚历山大针对西方城市规划师的狂妄症所作的批评中受益匪浅,他们认为:"规划是否是无所不包的这个概念产生的意

---

① 3R,是 reduce、reuse、recycle 的简称,即减少原料(reduce)、重新利用(reuse)和物品回收(recycle)。发展3R技术,是2002年10月8日举办的"能源·环境·可持续发展研讨会"上发出的呼吁。循环经济也要求以"3R原则"为经济活动的行为准则。

② 俄罗斯战略文化基金会网站2011年3月15日文章,"工业技术或成为'大规模杀伤性武器!'"

不一样。"(If planning is everything, may be it is nothing. If planning is not everything, may be it is something.)因为城市规划只有无所不包才能给未来的规划创新留有余地,规划想要成为一种注重"过程"的科学规划就要实现以工业为本的传统城市向以人为本的城市发展模式转变。

二、我国城镇化面临的多项难题

(一)机动化和燃煤引发的城市空气污染日渐严重

近些年,常见的就是 $PM_{2.5}$ 引起的空气重度污染。从 2013 年开始,我国 74 个具有 $PM_{2.5}$ 监测能力的城市中,33 座城市的空气质量已达到严重污染的程度。当时,北京、天津、河北、河南、山东、山西、江苏、合肥、武汉、成都等省份和城市空气污染程度已经能非常明显,在我国 130 万 m^2(占国土总面积的 13.5%)雾霾覆盖内,被影响的人口达到 4.4 亿(约占全国总人口的 32.6%)。2013 年 1 月 23 日凌晨 1 时,北京市车公庄站 $PM_{2.5}$ 监测点的瞬时浓度值高达 1 593 $\mu g/m^3$,已经超出国家标准 21 倍,超过 WHO 推荐标准高达 100 倍之多。

汽车尾气排放已经成为我国大中城市污染的主要来源,而工业燃煤使用率逐步减少。据统计,2008 年北京市机动车排放氮氧化合物的数量占氮氧化合物排放总量的 51%,一氧化碳占 88%,部分特大城市光化学烟雾越来越严重,这源于汽车尾气的排放。《2017 年中国机动车污染防治年报》显示,2016 年,我国机动车排放污染物初步核算为 4 472.5 万 t,比 2015 年削减 1.3%。我国的光污染、空气污染所带来的危害更甚于西方国家城市。

汽车保有量的快速增加是形成这种局面的根本原因。虽然近年来提高了汽车尾气的排放标准,但是城市交通战略仍存在不合理之处,导致我国城市私人汽车的拥有量强势增长。据统计,我国汽车保有量 2008 年比 2003 增长了 1.67 倍,从 2421 万辆增加到 6 467 万辆,由此带来汽车尾气污染在城市大气污染中的贡献率不断提升。近年来,我国机动车保有量快速增长。2016 年全国机动车保有量达 2.95 亿辆,比 2015 年增长 8.1%,其中新能源汽车保有量达 101.4 万辆。按汽车排放标准分类,国一前标准占 1.0%,国一标准占 5.4%,国二标准占 6.4%,国三标准占 24.3%,国四标准占 52.4%,国五及以上标准占 10.5%。据测算,未来 5 年还将新增机动车 1 亿多辆。

中国人很要面子,购车时有的消费者存在攀比心理,别人有我也要买,一定程度上推动了汽车销售额的增加。在城市道路规划建设方面,盲目拓宽道路和修建高架桥引起了一些城市的急剧上升的汽车数量,因为它只从工程措施角度供给交通空间,而缺少科学的管理交通制度,简而言之,城市规划被汽车所束缚。自行车出行或者步行的减少导致了私家车的增加,这些都是源于日益恶化的空气污染。部分消费者乘坐私人小汽车是因为不合理的公交车换乘站设计、换乘间隔长、公交车不舒服、迟到率高等问题。周而复始造成的影响比较恶劣,机动车数量上升产生的燃油问题已经成为我国城市最主要的空气污染源之一。

(二)城市应对灾害和突发事件的风险管理薄弱

进入 21 世纪以来,发达国家在美国"9·11"恐怖事件之后,开始普遍重视城市突发安全事件的应对问题。此后,2003 年发生在我国的 SARS 事件,美国发生的大规模停电事件,2005 年英国伦敦公共巴士被恐怖分子爆炸事件,2011 年日本福岛核泄漏以及 2013 年我国青岛中石化输油管道泄漏爆炸事件等,均表明人口稠密的特大城市在遭人为袭击或突发事件的破坏时损失是巨大的,如不能迅速有效地进行处置,就可能再酿成更为惨烈的人间灾难。

根据 2016 年 6 月的调查,采集里约奥运会划船项目举办地罗德里戈湖(Rodrigo de Freitas Lagoon)的样本显示,其每升水含有 2.48 亿的腺病毒。这可能导致误饮该湖中水的人染上呼吸道疾病。此外,在帆船比赛举办地格洛丽亚滨(Gloria Marina)的水样中,也检测到了高水平的腺病毒(3 700 万/升)。2016 年 10 月 16 日,清华大学饮用水研究课题组公布了一项研究:历时 3 年,清华大学研究人员在全国 23 个省、44 个城市的 117 个检测样本中检测全部 9 种亚硝胺类消毒副产物,发现 NDMA(亚硝基二甲胺)含量最高。各大媒体纷纷使用《23 省 44 城自来水检出疑似致癌物》的标题进行报道。

除此之外,人们更为耳熟能详的城市安全问题无疑为各类自然灾害的影响。例如 2008 年发生在我国四川汶川的"5·12"大地震,8 万多死亡人口中绝大部分是城镇人口;2010 年海地遭受 7.3 级地震,首都太子港基本被毁,由于后继公共安全处理跟不上,又导致大量的人口死于传染病,全国约有 30 多万人丧生。同年巴基斯坦遭遇特大洪灾,多个城市全面瘫痪,大约有 2 000 多人丧生,1 100 万人无家可归。

2012 年发生在北京的"7·21"暴雨,24h 累计降雨量 120mm,造成全城交通停运、死亡近百人的大灾害。2017 年上半年,我国各类自然灾害共造成全国 4 557.6 万人次受灾,204 人死亡,83 人失踪,102.2 万人次紧急转移安置,49.5万人次需紧急生活救助;3.1万间房屋倒塌,7.4万间严重损坏,34.5万间一般损坏;农作物受灾面积7 091.9千hm²,其中绝收355.6千hm²;直接经济损失518.9亿元。

瑞士保险机构报告对全球616个中心城市内17亿市民面临的自然灾害风险进行了对比分析发现,全球范围内受到水灾威胁的人数超过任何其他自然灾害;从面临的灾害威胁人数来看,亚洲城市风险最大。

由于我国正在经历前所未有的城镇化,城区人口超过100万的大城市数量从1978年不到30个,迅速增加到2010年140个(据第六次全国人口普查数据整理),2015年,我国100万人口以上的城市已达142个,其中1 000万人口以上的城市有6个,而且这些城市城区人口密度也高达每平方公里1万人左右,属国际上较高空间密度的城市,再加上地方排水防涝等公共安全管网投资不足,极易在洪涝灾害发生时遭受巨大的灾害。

(三)农民工流动带来的远程交通和社会管理难题

由于我国土地制度的特殊性,以至于我国正在经历国际上任何一个国家都未曾出现过的"候鸟式"的农民工转移潮,现在的规模已经超过了1.2亿,而且每年都以一千万的数量在增长。因为农村的土地是集体所有的,个人不能买卖。这种土地制度虽然不利于农产品的规模经营,但却起到了基础性社会保障作用。2008年国际金融危机来袭时,曾使我国沿海各省农民工失业人数最高峰的时候达到了6 000万人。在任何一个国家,突然增加这么多的失业人数都将是灾难性的,但是绝大多数临时失业的农民工就回乡种地了,当危机平息、经济复苏后,许多农民工又重新回到城市工作岗位。由中商情报网获得的消息显示,2016年我国农民工增速有所回暖,全年农民工总量28 171万人,比上年增加424万人,增长1.5%。其中,本地农民工11 237万人,增长3.4%;外出农民工16934万人,增长0.3%。

与此同时,在我国各个大城市郊区,不约而同地涌现出大量的"城中村",这些城中村容纳了70%以上的农民工。但是,这些"城中村"带有一些中国特色贫民窟的色彩,这里的卫生、治安居住环境较差,公用服务也不配套。更重要的是,农民工的流动分布是十分不均匀的,70%跨省转移的农民工是流向于沿海十二个大城市。目前,这种趋势越来越明显。

春节前后,由于巨量农民工回家探亲,往往会发生全国性的交通拥堵。在许多外国人看来不可思议。近些年来,我们没有看到任何减缓的迹象。所以,我国的远程交通系统应与之长期相适应来规划建设。

(四)自然和文化遗产受到破坏

我国使用了约占全球42%的水泥建设了人类历史上规模最为巨大的建筑群和基础设施。在城镇化的热潮中,如果不注重保护,一些著名的自然景观和文化遗产就会变成水泥建材的原料了。联合国教科文组织的专家曾说,中国有太多的世界遗产,不必再申请了,先将已申请的遗产保护好再扩大名录。与广阔多变的国土和人类历史上最悠久的农耕文明相比,我国的遗产数量一点都不多,如不将其及时列入遗产名录得到妥善保护的话,全人类最精彩的、大自然鬼斧神工的创作和杰出的文化遗存就有可能变成水泥了。所以,我国多申报世界自然与文化遗产就是愿意接受世界上国际组织的监督,全力保护人类这批共同的资产,也是为了在城镇化的过程中为下一代留下可持续发展的宝贵资源。再加上我国不少城市的规划和建设确实在崇洋媚外风气的影响之下,本地的建筑师受到了压抑,成为外国建筑师追求新奇特建筑物的试验场。除此之外,为索取级差地租而过度进行旧城开发;为追求建设用地指标,利用"建设用地增减挂钩"的政策大量进行村庄合并建设所谓的"新社区";为取得乡村剧变的政绩观而盲目撤销偏远山区村落,进行所谓"生态移民"等,都严重破坏了脆弱而又不可再生的历史文化名城名镇名村。

国家重点风景名胜保护区作为我国国家公园的代表,其主要的保护模式、制度和国外是不一样的。美国只要是国家公园其土地所有权就是国家所有,但是我国除城市之外的土地属于集体所有,也就是农民主要的生活资料,所以管理起来难度非常大。

(五)三大社会化问题

我国城镇化过程中伴生的主要社会问题有以下三个。

第一,收入不均等危及社会公平。城镇化不能只关注经济效益,中后期更要侧重于社会效益。最近世行报告指出,美国5%的人口掌握了全国60%的财富。我国有的省区如新疆最富裕地区的人均GDP与最贫困地区相差10多倍,成为影响社会稳定的重要因素之一。

第二,城市某些行业垄断性正在强化。我国行业之间的工资收入差距目前已达15倍。另有调查表明,我国收入最高的10%人群与收入最低的10%人群的收入差距,已从1988年的7.3倍上升到2007年的23倍,我国的基尼系数一直呈快速上升的趋势。尽管这个数据尚不是最危险的,但是任凭它发展就会给社会稳定带来问题。2016年1月18日,国家统计局公布了我国2003年至2015年全国居民收入基尼系数,分别为:2003年是0.479,2004年是0.473,2005年是0.485,2006年是0.487,2007年是0.484,2008年是0.491。然后逐步回落,2009年是0.490,2010年是0.481,2011年是0.477,2012年是0.474,2013年是0.473,2014年是0.469,2015年是0.462,2016年是0.465。2016年,中国城乡居民收入的相对差距在缩小,从2015年的城乡收入倍差2.73下降到2016年的2.72。之所以基尼系数有所扩大,根据调查,主要是城市一部分低收入者养老金的收入增速略有放缓,农村一部分只靠粮食生产收入为主的农民,由于粮价的下跌,收入略有减少,可能主要是这两个原因。但这并没有改变我国基尼系数正在下降的总趋势,而且我国正在加大脱贫扶贫攻坚的力度和加快城乡一体化的步伐,居民收入差距会保持逐步缩小的趋势,这是可以预期的。①

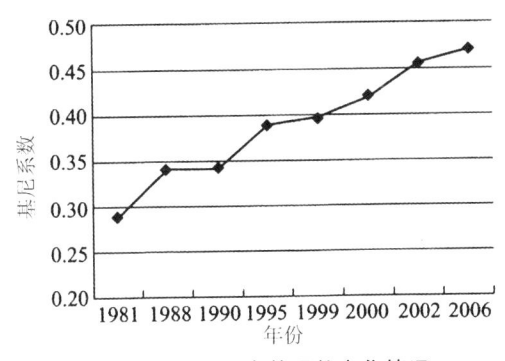

图 1-3 中国历史基尼数变化情况

第三,我国三大人口的高峰相继来临,解决就业问题具有紧迫性。劳动力的高峰在2016年出现,有10亿劳动力。65岁以上的老龄人口将在2020年达到高峰,达到总人口的11.2%。人口总量高峰是2033年,将达到15亿左右。所以,我国在资源非常短缺的情况下,人口老龄化却加速来临,这就意味着城镇化最大的挑战还没有来临,还在不远的将来。

(六)城市交通拥堵加剧

尽管我国城市及城市群交通建设取得了可观的成就,但还存在交通供需失衡,特大城市和大城市交通拥堵严重并在时间与空间上持续扩展蔓延。近年来,我国城市交通拥堵不断加剧,随着城市交通需求的不断增长和机动车交通量的迅猛增加,城市交通拥挤已经从高峰时间向非高峰时间,从城市

---

① 中国基尼系数总体呈下降趋势[EB/OL].国务院新闻办公室网站 www.scio.gov.cn.2017.1.20.

中心向城市周边,从一线城市向二、三线城市迅速蔓延,交通拥堵已呈常态化。

许多特大城市和大城市中心城区高峰期间的行车速度已由原来的 40km/h 下降到目前的 15～20km/h。2009 年调查结果显示,上海市中心城 204 个主要交叉口中,44%的交叉口交通负荷达到饱和状态(90 个),40%的交叉口接近饱和状态(81 个),仅有 16%的交叉口处于畅通的状态(33 个);内环线主要干道早晚高峰普遍处于拥堵状态①。

2016 年 11 月 3 日,高德地图发布《2016 年第三季度中国主要城市交通分析报告》(以下简称"报告"),公布 2016 年第三季度中国"堵城"榜单。该报告以中国 100 个主要城市作调查样本,统计分析 2016 年第三季度的"拥堵城市"排行榜。其中,哈尔滨、济南和北京名列前三。除北京、上海等特大城市外,我国其他城市的交通拥堵问题也十分突出。例如,2010 年长沙市二环内河东城区共有主要拥堵点 60 个,主要道路晚高峰社会车辆运行速度仅为 16km/h,其中中心城区主要道路晚高峰平均车速为 14km/h。2009 年南京市老城区道路网络平均负荷已经达到了通行能力的 82%,主要干道高峰时段车速大多在 20km/h 以下。武汉市 2009 年三环线内高峰时段平均车速为 20.4km/h,其中汉口仅为 18.0km/h。重庆市 2010 年城市干道流量比 2009 年平均增长 7.1%,部分干道流量增长超过 30%,交通流量的快速增长导致高峰时段车速明显降低,2010 年高峰时段干道平均车速比 2009 年下降 6.8%,晚高峰拥堵持续时间日渐延长,常发生拥堵区域也在逐渐扩展。报告公布位于第 37 名的东莞,高峰期间行车速度第一季度为 28.66km/h,第二季度是 25.84km/h,第三季度创下"新低"——25.2km/h。

在我国城镇化进程中,上述各种现象以及问题为我国的城镇建设和城市的发展带来了极大的困扰,其中,如何正确认识并解决城镇化进程中的机动化现象尤为重要,根据我国城镇化的现实状况,可从以下几个方面入手。

第一,机动化能够为城市化"塑型"。我国机动化与城镇化同步发生(与美国一致),极有可能出现城市蔓延。美国在 100 年间的城市化进程中,城市人口空间密度快速下降,不仅大量耕地受到破坏,而且一个美国人因依赖私家车出行所耗的汽油比欧洲多出 5 倍。我国目前城市人口密度基本维持在平均每平方公里一万人左右,属于紧凑式发展模式。防止我国出现郊区化是城镇化后期的决策要点,安全畅通的绿色交通是确保"紧凑型"城市的不二法门。

---

① 上海市城乡建设和交通委员会,上海市城市综合交通规划研究所等.上海市第四次综合交通调查报告[R].。2010.

第二,机动化有"锁定效应",一旦人们习惯于使用私家车出行,再投资公共交通就可能"无人问津"。

第三,仅靠增加道路供给不能解决大城市日益严重的交通拥堵问题,所以必须转向需求侧管理,这是一个共识。城市特别是大城市的交通空间是一种稀缺资源,而且越是城市中心,空间越稀缺,空间资源应该得到公平的分配。一个很重要的理念是,与自行车相比,私家车占用的空间完全不同,静止时相差已经很大,运动时所需空间还将成倍提高。所以,城市交通中有一个出乎众人意料的现象,即单位时间内六车道的主干道通过的人数常常还不如仅三米宽辅道上自行车道的通过人数。

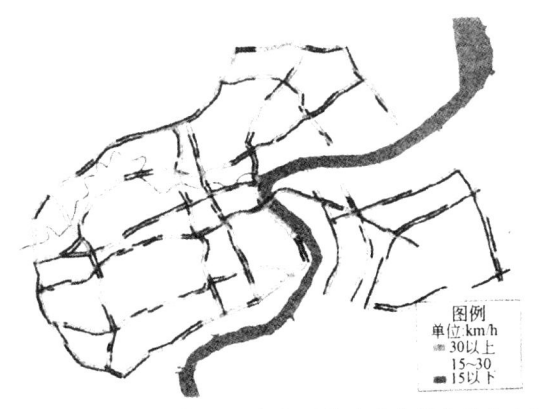

图 1-4　长沙市 2010 年二环内主要道路晚高峰车速分布图①

以上这些城镇化进程中形成的问题和挑战,对于我国的城市健康发展和经济的可持续增长的影响都是十分严峻的。如果没有及时科学的应对措施,必然会成为自身发展的瓶颈,影响我国城镇化中后期健康发展的进程。如何应对这些挑战,需要综合的战略研究,从城市规划的角度来说,应该发挥本学科历史积累的优势,通过科技和制度创新,促使城市空间结构向节能、低碳方向转变,向国际社会展示中国的努力与成效。

---

① 长沙市规划信息服务中心.2010 年长沙市交通状况年度报告[R].2011.

第三节　生态文明下的生态城市发展

一、生态文明的国际背景

早在 2005 年,联合国人居署就提出:现在,世界上已有超过 50% 的人口居住在城市,世界已经进入城市时代;在未来,城市人口仍将不断增加,城市在为人类创造丰厚物质财富的同时也将深刻地改变着人类的家园。

气候变化已经成为全球关注的焦点问题,严重威胁着自然界和人类的安全,如何应对这一问题成为全球共同的责任。作为全球碳排放的主要源头,城市首当其冲成为解决这一问题的关键之处。一方面城市完成了人们的梦想,另一方面消耗着地球有限的资源,据统计,地球 80% 的能源已被耗掉,而能源被消耗的过程就是气温变暖、臭氧减少、生物多样性消失的过程。在全球生态环境失衡的状况下,城市的竞争逐渐演变成如何保证城市的可持续发展。

步入 21 世纪,全球城市生态问题的白热化使得传统城市发展模式处于被淘汰边缘。而人与自然和谐共处的生态文明逐步被人类接受,并备受推崇。一定程度上,生态文明的来临是时代发展的必然性。

二、中国城镇化背景下的生态文明建设与智慧城市建设

我国的城镇化目前正处于关键的中期阶段,并呈现以下鲜明特色。

一是基本上避免了其他发展中国家城市化过程所经历的错误。例如:大城市首位度(集中度)过高,贫民窟日益扩大,农业特别是粮食产量下降引发饥饿问题,城市蔓延导致基础设施巨额浪费,小城镇衰败,土地私有化导致的农村破败和大规模的土地兼并潮等方面的刚性缺陷。被著名英国规划学家彼得·霍尔(Peter Hall)誉为"长江范例"。

二是城镇化的动力基本来自工业化的推动、制造业勃兴和服务业的滞后。这一方面使中国在大部分初级产成品(如钢铁、水泥、家电、家具、纺织品等)的生产制造和国际贸易方面已占全球首位。另一方面由于工业企业环保投入不足、污染物排放持续增加,单位工业增加值能耗物耗过高,从而造成区域性复合型大气污染加剧、城镇水系生态恶化,危及城市安全供水,

过多施用化肥、农药及城市工业废水也使得土壤污染,地下水污染持续加重。

三是沿海与西部、超大城市与小城镇、城市与乡村存在发展不平衡现象,有的地区此三种矛盾仍在加剧。根据中央经济工作的指示,在城镇化的建设过程中,要体现生态文明的理念,坚持走集约、智能、绿色、低碳的新型城镇化道路。在"四化"功能的基础上,找寻新的发展模式:新型工业化是发展的动力,是创造就业岗位的主要途径;农业现代化是民族复兴的基础,无农不稳;信息化是协调、组合各类生产要素和系统集成创新的工具,是推动各方面有机融合和可持续发展的新途径;其中,这三化存在的基础就是新型城镇化,因此"四化"间的关系是紧密相连的。同时,更好地、智慧地建设城市,离不开"四化"间相互的协调与发挥。从近代史发展的长河中,可以看出,城市是财富、科技成果等的聚集地,所以,如果能使城市智慧地进行规划、建设与管理,也就意味着抓住了四化融合的总龙头。

三、相关理论背景

(一)可持续发展理论背景

可持续发展理念于1987年联合国世界环境与发展委员会递交的报告《我们共同的未来》中正式提出,自此以后世界各国分别积极响应和贯彻可持续发展理念。可持续发展是注重长远发展的经济增长模式,指既满足当代人的需求,又不损害后代人满足其需求的能力[1]。1992年6月,联合国在里约热内卢召开的"环境与发展大会",通过了以可持续发展为核心的《里约环境与发展宣言》《21世纪议程》等文件。随后,中国政府编制了《中国21世纪人口、资源、环境与发展白皮书》,首次把可持续发展战略纳入我国经济和社会发展的长远规划。1997年的中共十五大把可持续发展战略确定为我国"现代化建设中必须实施"的战略。可持续发展主要包括社会可持续发展、生态可持续发展、经济可持续发展。它们是一个密不可分的系统,既要达到发展经济的目的,又要保护好人类赖以生存的大气、淡水、海洋、土地和森林等自然资源和环境,使子孙后代能够永续发展和安居乐业。可持续发展的核心是发展,但要求在合理控制人口数量、提高人口素质和保护环境、

---

[1] World Commission on Environment and Development(WCED). Our Common Future[M]. Oxford: Oxford University Press,1987.

资源永续利用的前提下进行经济和社会的发展。可持续发展涉及自然、环境、社会、经济、科技、政治等诸多方面,1991年,由世界自然保护同盟(INCN)、联合国环境规划署(UNEP)和世界野生生物基金会(WWF)共同发表《保护地球——可持续生存战略》(*Calling for the Earth:A Strategy for Sustainable Living*),将可持续发展定义为"在生存于不超出维持生态系统涵容能力之情况下,改善人类的生活品质"。

经过三十多年的曲折历程,可持续发展的理念终于超越了文化、历史和国家的障碍,逐步成为全球性的发展共识。这关系全人类、各国在遵循公平性、协调性和持续性原则之下,各国根据自身的国内及国际政策环境制订可持续发展的经济社会模式及其演进方向。

在1992年联合国环境与发展会议之后不久,我国政府就组织编制了《中国21世纪议程——中国21世纪人口、环境与发展白皮书》(以下简称《议程》)。《议程》共20章,可归纳为总体可持续发展、人口和社会可持续发展、经济可持续发展、资源合理利用和环境保护5个组成部分,70多个行动方案领域。它的编制成功,不但反映了中国自身发展的内在需求,而且也表明了中国政府积极履行国际承诺、率先为全人类的共同事业做贡献的姿态与决心。1994年7月,来自20多个国家、13个联合国机构、20多个外国有影响企业的170多位代表在北京聚会,制订了"中国21世纪议程优先项目计划",用实际行动推进可持续发展战略的实施。1995年9月,中共十四届五中全会通过的《中共中央关于制订国民经济和社会发展"九五"计划和2010年远景目标的建议》明确提出:"经济增长方式从粗放型向集约型转变"。1998年10月中共十五届三中全会通过的《中共中央关于农业和农村工作若干重大问题的决定》指出:"实现农业可持续发展,必须加强以水利为重点的基础设施建设和林业建设,严格保护耕地、森林植被和水资源,防治水土流失、土地荒漠化和环境污染,改善生产条件,保护生态环境。2000年11月十五届五中全会通过的《中共中央关于制订国民经济和社会发展第十个五年计划的建议》指出:"实施可持续发展战略,是关系中华民族生存和发展的长远大计。"十六大报告把"可持续发展能力不断增强,生态环境得到改善,资源利用效率显著提高,促进人与自然的和谐,推动整个社会走上生产发展、生活富裕、生态良好的文明发展道路"作为"全面建设小康社会的目标"之一,并对如何实施这一战略进行了论述。2012年6月1日,对外正式发布《中华人民共和国可持续发展国家报告》。报告概述了中国近十年来在可持续发展领域的总体进展情况,客观分析了中国在可持续发展方面面临的挑战和存在的压力,明确提出了我国进一步推进可持续发展的总体思路,围绕可持续发展的三大支柱——经济发展、社会进步、生态环境保护,详尽阐述了在可持续发展各个领域所做的工作和取得的进展①。

2017年中国500强企业高峰论坛在江西南昌召开。中国可持续发展工商理事会(CBCSD)主办大会平行论坛可持续发展CEO论坛,并在论坛上发布了《企业可持续发展指数研究报告》。②

中国500强企业高峰论坛连续举办16年来,得到国务院领导及政府有关部门的肯定与支持。2017年的会议围绕"创新敢为担当做优做强做大",探讨中国大企业发展的趋势、问题和建议,探讨不同行业企业、政府以及社会组织的可持续发展思路。其中《企业可持续发展指数研究报告》的发布是会议热点议题之一。

联合国经社事务部2017年7月17日发布了《2017年可持续发展目标报告》。这份报告使用最新可用数据,概述了迄今为止全球开展的在落实17个可持续发展目标方面的情况,突出强调了取得进展的领域和需要采取更多行动的领域,以确保不让任何一个人掉队。2017年的报告指出,虽然在过去十年里各个发展领域都取得了进展,但发展的速度不足且并不均衡,不足以达到全面执行可持续发展目标的要求。

(二)生态经济理论研究综述

第二次世界大战结束之后,以美国为首的西方发达国家充分利用全球霸主的地位,广泛掠夺资源和市场,使自身经济发展进入了一段黄金时期,但因霸权主义所致的低廉的能源成本和市场扩张主义所致的隐性的环境成本不可能长期持续,20世纪70年代初,严重的环境与能源危机接踵而至,迫使人们开始严肃对待生存空间和反思西方人自身的生活方式。

前瞻产业研究院发布的《2012—2016年中国生态修复行业深度调研与投资战略规划分析报告》显示,我国生态环境恶化最严重表现为水土流失和沙漠化。根据全国第二次土地侵蚀遥感调查,我国水土流失面积为356万 km^2,沙化土地174万 km^2,每年流失的土壤总量达50亿t。③

改革开近40多年,工业化进程突飞猛进,但走的是传统的工业化道路,即"高投入、高消耗、高污染"之路,"先污染、后治理,先破坏、后保护"之路,资源的损耗和环境的破坏十分严重。

---

① 杜鹰.中华人民共和国可持续发展国家报告[R].2012-06-01.
② 《企业可持续发展指数研究报告》在2017中国500强年会期间正式发布[EB/OL].中国碳排放交易网:http://www.tanpaifang.com/tanguwen/2017/0910/60518.html.2017-09-10.
③ 前瞻产业研究院.生态修复市场或将超万亿[EB/OL].http://bg.qianzhan.com/.

从1990年到2001年,中国石油消耗量增长100%,天然气增长92%,钢增长143%,铜增长189%,铅增长380%,锌增长11%,10种有色金属增长276%。这样的消耗速度迅速地耗尽了国内资源。2016年,国家统计局公布的数据显示,我国能源消耗总量增长了1.4%。这些触目惊心的数据,为人类敲响了警钟,保护自然环境、维持生态平衡已经成为人类刻不容缓的艰巨任务。

《寂静的春天》(Silent Spring)、《增长的极限》(The Limits to Growth)和《封闭的循环》(The Closing Nature)等一系列著作直指工业化发展和城市化所造成的危害人类生存和全球性环境问题。

生态经济学是研究自然界管理和人类社会管理之间关系的一门学科,将人类经济作为自然经济的一部分的学科。生态经济学就是研究生态系统和经济系统间的相互作用。经济系统与环境系统是相互依赖的,在经济系统中发生的事情会影响到自然环境,与此同时,自然环境反过来对经济系统产生影响。经济和环境是一个交互系统[①]。

(三)低碳经济

"低碳经济"的概念2003年起源于英国,在美国称其为"低碳能源技术";韩国把低碳经济与环境保护融合,称为"低碳绿色增长战略";日本则将低碳发展方向定位为"低碳社会"[②]。"低碳经济"最早出现在2003年的英国能源白皮书《我们能源的未来:创建低碳经济》,是指以低能耗、低污染为基础的绿色生态经济。2006年,前世界银行首席经济学家尼古拉斯·斯特恩牵头做出的《斯特恩报告》指出,全球以每年GDP 1%的投入,可以避免将来每年GDP 5%~20%的损失,呼吁全球向低碳经济转型。2010年4月,各大国际会议开始关注地球"健康"、探索绿色经济、低碳经济,"地球一小时"吸引越来越多的世界城市参与,4月22日第41个"世界地球日"的到来,又一次唤起了人们爱护地球母亲的拳拳之心。

伴随着"低碳经济"概念的普及,"低碳城市"也应运而生,其内涵主要包括三个方面。首先是低碳能源,即开发推广应用各种可再生能源、清洁能源等。倡导采用"碳中和"的理念和技术在建筑、小区、各个行业乃至整个城市实现能源使用中的碳排放和回收利用的"中和"状态。此类的"中和"常常会超越地理和时间的限制。其次是在经济社会系统的运行环节,强调建筑、交

---

① Michael Common,Sigrid Stagi,金志农等译.生态经济学引论[M].北京:高等教育出版社,2012.
② 薛进军.低碳经济学[M].北京:社会科学文献出版社,2011.

通和生产环节三大领域的低碳发展或消费模式。例如,通过紧凑混合的空间布局将城市各个子系统整合成高效率协同运转的复合体系;通过低碳基础设施支撑城市可达性良好,能源系统的高效运行;各种物质消耗能顺利实现减量化和高效循环利用;通过虚拟空间的建立和高速无线网络的普及,尽可能利用即时的通信交流替代交通客运,并利用信息化、软件技术使城市能源系统高效运行,实现城市硬件、软件设施与城市能源网络之间建立反馈机制。最后是在碳排放环节增加碳汇,包括加强城市周边森林绿地、湿地等自然生态系统的保护利用和培育,利用低碳有机农业技术减少碳排放等。

第四节 国内外城镇生态文明建设经验与问题

一、国内外城镇化建设发展的历史和现状

(一)全球主要国家城镇化发展历程分析

通过全面整理世界主要国家的城镇化率的变化过程,不难发现:发达国家的城镇化发展既有规律性又存在差异和特殊性;不同阶段有不同的问题和不同的发展机遇。我国自1978年以来,也抓住了不少的发展机遇,得到了较好发展,据国家统计局统计,截至2016年末,中国城市数量达到657个,户籍人口城镇化率已经达到41.2%,常住人口城镇化率已经达到57.4%,常住人口城镇化率比2012年末提高4.8%。

通过整理世界主要国家的城镇化率变化过程,不难发现:在一个国家城镇化率为50%左右时,生态环境问题突出。

我国改革开放30多年取得的成就,是以整个中国环境作为代价的。中国人口的城镇化率增加30%,全国总能耗翻了6倍。过去城镇化率每增加一个百分点,平均能耗增加18%。能源消耗过快已不能支持传统经济增长和城镇化发展,目前的经济增长和城镇化模式是不可持续的。

由人均GDP和城镇化率的关系,可将世界各国分为三个集团,如图1-5三个图层所示。从经济增长方式来看,第一集团如北欧、西欧、澳大利亚等地区的国家依靠创新发展,第二集团如东欧各国依靠牺牲资源环境,中国目前位于第三集团。如何从第三集团向第一集团跃进,而不落入第二集团的中等收入陷阱,即国家经济发展至一定阶段就停滞不前是中国城镇

化进程中必须思考的问题。发达国家城镇化率超过70%后,人均GDP大幅提高,城镇化率明显减缓,表明经济增长方式发生重大变化。如果能够抓住当今发展机遇,通过城镇化和技术的革新,走出一条具有中国特色且走在世界前列的新型城镇化发展之路,必将对国家和世界产生重要影响。

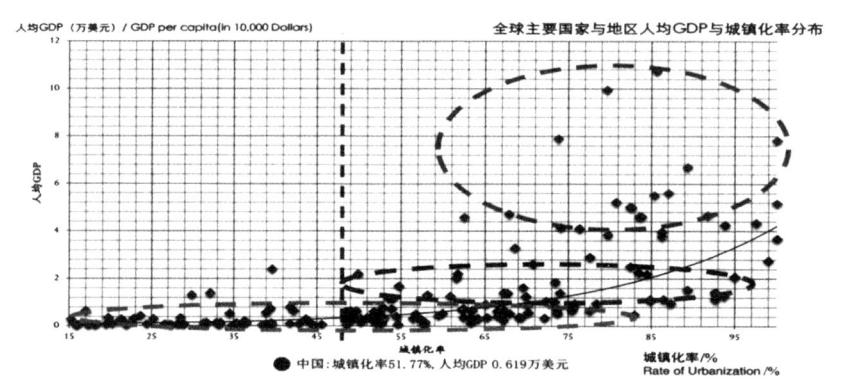

图1-5 全球主要国家与地区人均GDP与城镇化率分布图

数据来源:世界银行数据库,2012。

(二)我国城镇房屋与基础设施建设现状

1.城镇化过程中高速建设、营造能耗巨大

2001—2016年,随着经济发展,我国各地大中小城市拓展城区建设,城镇建筑面积大幅增加,大量的人口从农村进入城市,城镇化率从37.7%增长到57.4%(国家统计局,2016),城镇居民户数从1.55亿户增长到7.9亿户,家庭规模小型化。同时,公共建筑和北方城镇建筑采暖面积逐年增长,城乡每年竣工面积逐年增长,中国报告大厅对2017年1~6月全国房地产竣工面积进行监测统计显示:2017年1~6月全国房地产竣工面积(累计值)为41 524.01万 m^2,累计增长5.0%[①](表1-1)。与发达国家相比,我国处在高速城镇化建设的阶段,我国城镇新建建筑面积年增长量约占总量的7%,而发达国家不到1%。

---

① 中国报告大厅(www.chinabgao.com)。

表 1-1　2017 年 1—6 月全国房地产竣工面积累计值

月份	累计值(万 m²)	累计增长(%)
2017 年 2 月	16 140.77	15.8
2017 年 3 月	23 030.73	15.1
2017 年 4 月	28 173.58	10.6
2017 年 5 月	33 911.06	5.9
2017 年 6 月	41 524.01	5.0

在房屋和基础设施的建设过程中会消耗大量的建筑材料,这部分建筑材料的生产能耗巨大,增长速度惊人,是造成我国能耗高、碳排放量高的主要原因之一。2004—2012 年,房屋和基础设施的营造能耗增长超过 2 倍,2012 年营造能耗达到 9.2 亿吨标准煤(tce),约占我国能源消费总量的 27%。而发达国家用于房屋和基础设施建设相关的能耗普遍仅占全国总能耗的 5%。营造能耗包括建材的生产能耗和建造过程中的施工能耗,其中钢材、水泥这两种建筑主材的生产能耗占据了大部分。

房屋和基础设施的高速建设,造成了对钢材、水泥、铝材等建材的旺盛需求,根据《中国建筑业统计年鉴》,在建筑业营造过程中钢材、水泥、铝材和玻璃的消耗量均在快速增长。其中水泥和钢材的消耗量最大,占到了建材消耗的绝大部分。2004—2012 年水泥消耗量从 9.7 亿 t 增长到 21.8 亿 t,增长超过 2 倍;钢材消耗量从 1.5 亿吨增长到 5.9 亿吨,增长超过 3 倍。

降低能耗和碳排放、推动生态文明建设需要进行产业结构调整,而在旺盛的建材需求下产业结构的调整却无法实现,所以降低建设速度是产业结构调整的深层次需要。

十八届三中全会指出要紧紧围绕建设美丽中国深化生态文明体制改革,目前高碳排放属于暂时现象,当"全面建设期"完成,建设业转为修缮业之后,此部分能耗与碳排放可显著降低,同时也能够实现制造业的产业结构调整。然而,必须避免城镇过度建设,必须控制总量上限和建设速度,不能把建设作为拉动 GDP 和经济发展的主要动力,更要坚决反对为了促进 GDP 增长,通过"大拆"促进"大建"的现象。

2.城镇化过程中建筑运行能耗增长状况

随着城镇化中建筑面积的快速增加,建筑运行消耗的商品能源也在持续增长,2001—2011 年,我国城镇建筑面积翻了一番,与此同时,建筑商品能耗总量也增长了一倍。2012年建筑总能耗（不含生物质能）为6.90亿吨标准煤①，约占全国能源消费总量的19.1%，建筑商品能耗和生物质能共计8.07亿吨标准煤（生物质能耗约为1.17亿吨标准煤）。2001—2012年，建筑能耗总量及其中电力消耗量均大幅增长（表1-2）。

表1-2 2012年中国建筑能耗

用能分类	宏观参数（面积/户数）	电量（亿/kW×h）	总商品能耗/亿吨标准煤	能耗强度
北方城镇取暖	106亿平方米	82.4	1.71	16 kgce/m²
城镇住宅（不含北方地区采暖）	2.49亿户	3 786.6	1.66	665 kgce/户
公共建筑（不含北方地区采暖）	83.3亿	4 900.8	1.82	22 kgce/m²
农村住宅	1.66亿户	1 594.1	1.71	1 034kgce/户
合计	13.5亿人，约为510亿平方米	10 363.9	6.90	510 kgce/m²

从建筑用能分类来看，城镇住宅和公共建筑单位面积能耗均有所增长，仅北方城镇采暖单位面积能耗有所下降（图1-6）。虽然相比于欧美发达国家建筑能耗，我国建筑能耗还处于较低的水平，但发达国家的建筑能耗过多，不是我国能耗承受的，我国能耗持续增长的趋势不容乐观：如果我国单位面积建筑能耗达到美国建筑能耗水平，即使建筑面积不再增长，我国建筑能耗总量也将增长到44亿吨标准煤，大大超过2011年国家总能耗（32.5亿吨标准煤），这是我国能源资源难以承载的巨大压力。

---

① 本章尽可能单独统计核算电力消耗和其他类型的终端能源消耗。当必须把二者和本章采用发电煤耗法对终端电耗进行换算，即按照每年的全国平均火力发电煤耗把电力换算为标煤。国家统计局公布2012年的发电煤耗值305gce/kW·h

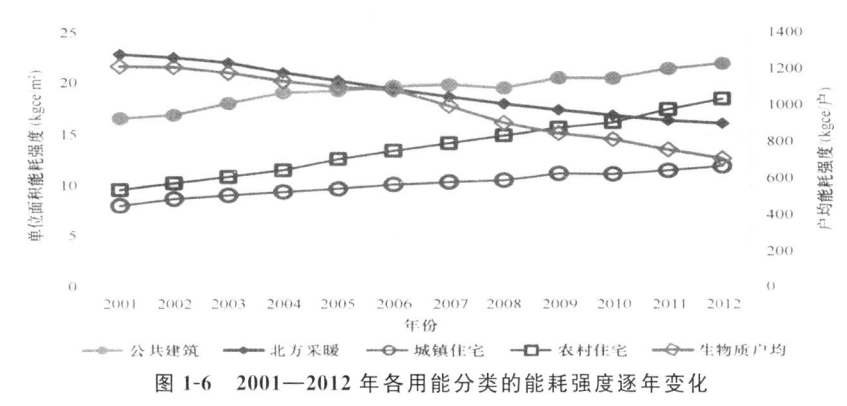

第一章　生态文明时代新型城镇的发展与转型

图 1-6　2001—2012 年各用能分类的能耗强度逐年变化

城镇住宅(不含北方采暖)用能包括住宅中空调、照明、家电、炊事、生活热水和南方地区采暖用能等，农村住宅用能包括采暖、降温、照明、家电、炊事和生活热水用能等，而公共建筑用能包括空调、照明、电器和生活热水用能等。

(三)生产和消费方式中违背生态文明的现象

1.大量的建材需求导致产业结构不合理

目前建材产量持续增长，主要为城市建设和基础设施建设所拉动，建材工业能耗占我国制造业能耗的 46%(2009)，其中一半以上是城镇建设需求所致。抑制这些产品的生产不能单纯靠"调整产业结构"，还要靠抑制需求。只要存在由城市建设拉动的对建材产品的巨大需求，就不可能通过任何"调整产业结构"的措施改变我国总的产业结构不合理现象。为了实现我国节能减排、低碳的目标，也必须从需求源头的控制入手，才能根本解决问题。

2.城镇建筑发展状况极不均衡，存在大量的空置房乃至"鬼城"

目前城镇建筑使用状况和发展状况极不均衡，尽管仍有部分居民居住条件有待改善，但有相当多的居民拥有人均 100m^2 以上住房，甚至拥有两套、三套住房。根据西南财经大学中国家庭金融调查与研究中心发布的《城镇住房空置率及住房市场发展趋势 2014》显示，2013 年中国城镇自有住房空置率高达 22.4%，拥有多套房的城镇家庭比例达 21.0%。据此估算，我国城镇地区空置住房达 4898 万套，现有存量住房完全可以满足住房需求。

3.盲目追求"高奇特"与奢华建筑

近年来，攀比摩天大楼、兴建大型商业综合体、建设高档楼堂馆所的风气从一线城市兴起,已逐渐蔓延到了二、三线城市。"高奇特"建筑与奢华建筑的单位面积运行能耗一般为同样功能的普通建筑的3～8倍,盲目地追求此类建筑造成建筑建设的过量,不是扩大内需的措施,而是对能源、资源、土地的非理性挥霍,而且需要持续的能源消耗来维持运行,却不能给经济发展、社会发展、人民生活水平提高带来任何实质的促进。

(1)超高层建筑

超高层建筑作为城市的标志性建筑,近年来在全国各地发展迅速,超高层建筑的高度纪录不断被刷新,一批批超高层建筑如雨后春笋一般纷纷破土而出。不仅是上海、广州、北京,很多一、二线城市都在打造地标性的"摩天大厦"。截至2004年年底,我国大陆已建成180m以上的高层建筑61栋,到2009年年底该数据已增长至104栋。据不完全统计,截至2013年年底,我国180m以上的高层建筑已猛增至465栋。

2016年,超过200m的128座建筑分布在世界上19个国家、54座城市拔地而起,创造了前所未有的历史纪录,总建设高度30 301m。中国连续第9年拥有最多的200m及以上竣工建筑,2016年更是以84座的数量占全球竣工总量的67%。在直插云霄的这84座超高层建筑中,11座位于深圳,也让深圳成为超过200m的高层建筑竣工最多的城市。值得一提的是,2016年度完工的广州周大福金融中心(东塔)以530m成为世界第5高、中国第2高的超高层建筑。[1]

目前全国在建和即将开建的500m以上的超高层项目有14个,300m以上的70多个(表1-3)。其中500m以上的超高层项目只有5个分布在北京、上海、广州、深圳一线城市,其他9个分布在武汉、天津、苏州等这些非一线城市。一线城市当初规划的中央商务区基本建设完毕,超高楼建设将在5年内进入一个阶段的尾声。而大多数处于非一线城市的新兴中央商务区建设方兴未艾。

表1-3 我国在建和即将开建的超高层建筑盘点

序号	建筑名称	所在城市	高度(m)	地上层数	开工时间	竣工时间
1	深圳平安国际金融中心	深圳	660	118	2011年11月	2016年3月
2	武汉绿地中心	武汉	636	125	2010年12月	2017年1月

---

[1] 马良行.2016年超高层建筑盘点,中国连续九年世界第一[EB/OL]. https://www.douban.com/note/602934299/.

第一章 生态文明时代新型城镇的发展与转型

续表

序号	建筑名称	所在城市	高度(m)	地上层数	开工时间	竣工时间
3	上海中心大厦	上海	632	121	2008年11月	2015年
4	天津高银117大厦	天津	597	117	2012年8月	2016年8月
5	罗斯洛克国际金融中心	天津	588	115	2011年12月	尚未确定
6	苏州中南中心	苏州	598	148	即将开建	
7	广州周大福金融中心	广州	539	111	2013年9月	2015年
8	天津周大福金融中心	天津	530	96	2009年11月	尚未确定
9	中国尊	北京	528	108	2011年9月	2016年
10	亚洲国际金融中心	广西防城港	528	109	2010年3月	2015年
11	大连绿地中心	大连	518	108	2011年11月	2016年
12	华润集团总部大厦（春笋）	深圳	525	80	2012年10月	2016年
13	天空城市（远望大厦）	长沙	838	202	开工后被叫停	

超高层建筑的立面高度跨越了气候分区，高度超过100m以上的建筑部分气温和风速等气象参数均发生很大变化，通常每升高100m温度下降0.6～1.0K，仅此变化即可导致建筑物移动一个2级气候区(朱春，2011)。再加上超高层建筑外形设计独特、功能复杂，以及必备的运行设备与普通公共建筑有很大的差异，造成超高层建筑单位面积能耗量远高于同功能的一般建筑。

(2)大型商业综合体

近年来，宏观调控对住宅领域实施了"限购限贷"政策，使得住宅市场遇冷。住宅市场的部分资金流向商业地产，加之商业地产的多样化与消费享受化，引导了商业地产的升级与变革，形成了休闲商业聚集的全新创造——大型商业综合体。商业综合体将商业、办公、居住、旅店、展览、餐饮、会议、文娱等多种功能进行组合，代表着各种休闲需求的实现，成为代表城市品牌与生活方式的标志区。如今，大型商业综合体已遍布一线城市，正在向二、三线城市蔓延。在每座一线城市大型商业综合体的数量多达30～50个，总面积达2 000万～3 000万平方米，商业容量已趋于饱和。在二、三线城市，城镇化的快速发展带来了商业地产开发的契机,大型商业综合体正在崛起,商业地产步入了城市综合体的时代。

大型商业综合体的建筑体量大、内区面积大,客流密度和各种照明、电器密度高,多采用集中空调系统,能量传输距离长、转换设备多。其能耗以用电为主,其中空调系统耗电量比例最大,达到50%,其次为照明系统,电耗达40%,其余10%为电梯。大型商业综合体一般每天运行12h以上,全年基本没有节假日,因此与普通公共建筑相比,单位面积能耗高,全年总耗电量大,达到200~400kW·h/(m²·a),是普通公共建筑的4~8倍。

(3)大型交通枢纽

机场和火车站作为城市的重要基础设施,是综合交通运输体系的重要组成部分。作为国民经济和城市发展的重要支撑,交通运输业也在向优化综合运输结构、提高综合运输效率方向转变。在此背景下,一些大城市竞相规划和兴建大型综合交通枢纽。交通的交叉聚集同时催生出强烈的商业需求,形成交通枢纽商务区。结合交通换乘、货物运输、工作人员办公、商业等多重功能为一体的交通枢纽俨然成为一座庞大的建筑综合体。

近年来,我国交通枢纽的总量初步形成规模,密度逐渐加大。2002—2010年新建机场52个,2015年前规划新建82个机场,同时扩建101个机场。而火车站配合铁路的建设,自2008年,开工建设铁路新客站1066座,到2012年建成804座。

2017年2月,中国民航局发布《中国民用航空发展第十三个五年规划》(以下简称《规划》),描绘了到2020年民航产业发展蓝图,并提出一系列目标。"十三五"期间全国续建、新建机场项目74个。[①]

近年来,新建的交通枢纽呈现以下几个特征。

第一,单体建筑面积越来越大。就机场航站楼而言,通常在3000~1000m²;而2007年建成的北京首都国际机场T3航站楼面积为90多万平方米,2013年建成的深圳宝安国际机场T3航站楼面积为45万平方米。

截至2017年9月,我国部分机场航站楼面积如下。

1)北京首都 T1+T2+T3=141万平方米

2)上海浦东 T1+T2=83万平方米

3)香港赤腊角 T1+T2=82万平方米

4)昆明长水 T1=55万平方米

5)广州白云 T1=52万平方米

6)上海虹桥 T1+T2=51万平方米

---

① 中国新闻网。

7）武汉天河 T2＝49.5 万平方米(T1 停用)
8）郑州新郑 T2＝47.5 万平方米(T1 停用)
9）成都双流机场 T1＋T2＝46 万平方米

第二，部分新建车站人员密度小。由于客运的提速，车辆的班次间隔变短，旅客在交通枢纽中平均等待的时间显著缩短。这就导致在相同的客流密度下，交通枢纽单位面积人员密度减小，巨大的建筑空间没有得到充分利用。设计标准中给出的最大人员密度设计值为 0.67 人/m²，而对几个新建或新扩建车站人员密度的调研结果表明，部分车站实际运行中的最大人员密度远小于设计值，甚至不到 0.1 人/m²（图 1-7）。

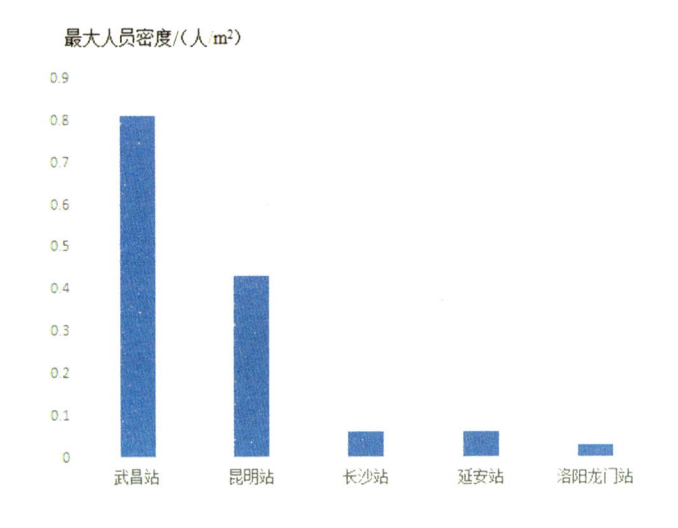

图 1-7　部分新建或新扩建车站人员密度

数据来源：刘燕等，2011。

第三，单位面积能耗大。新建的大型航站楼或候车楼的建筑形式通常为高大空间，进深大、室外空气侵入量大、人员密度变化大，通常采用全空气系统，导致系统能耗高。通过对北京首都国际机场、上海虹桥国际机场和广州新白云国际机场的能耗调查发现，大型国际机场航站楼单位面积电耗约为 180kW·h(m²·a)，是小型机场的 2～3 倍。而新建的大型客站候车面积大多超过 2 万 m²，层高超过 15m，年客流量达 2 000 万人，全年全天运行，能耗密度高，单位面积电耗约为 160kW·h(m²·a)，一些客站甚至超过 250kW·h/(m²·a)（表 1-4）。

新建交通枢纽单体建筑面积成倍增长，单位建筑面积的能耗大幅提高，导致此类建筑整体能耗迅猛增长。然而，随着未来经济社会发展，交通枢纽的总数量还会继续增加，因此控制交通枢纽的单体建筑规模和能耗强度尤为重要。

表1-4 我国部分火车站单位建筑面积电耗

客站名	建筑气候区	建成或最新改建年代(年)	建筑面积(万 m²)	单位面积电耗[kW×h/(m²×a)]
抚顺北站	寒冷	2008	0.5	70
延安站	寒冷	2007	2.4	77
呼和浩特东站	严寒	2006	9.8	78
乌鲁木齐站	严寒	2004	0.8	80
昆明站	温和	2012	1.4	131
武昌站	夏热冬冷	2008	3.4	218
青岛站	寒冷	1991	3.1	230
深圳站	夏热冬暖	1991	9.0	260
南京站	夏热冬暖	2002	4.1	270

二、国内外城镇空间生态文明建设的发展路径和模式

(一)欧洲生态城市建设研究

1. 英国的生态城市建设

英国是世界上第一个实现工业化的国家,经历100多年城市人口和城市规模的急剧膨胀,对城市和周围环境都产生了破坏性影响。1898年霍华德提出田园城市的构想,1903年开始在伦敦周边小镇进行试验性建设,1944年在伦敦规划建设卫星城和绿带,从20世纪80年代开始,英国全国逐步开始了城市中心区更新运动。进入21世纪以来,气候变化和极端天气对英国产生了较大的影响,许多城市,如伦敦、阿伯丁、考文垂和格拉斯哥等都从城市层面发布应对天气变化发展战略。此外,社会非政府组织团体(NGO)也积极倡导可持续发展计划,涉及了生态、经济、社会各方面,包括零碳、零排放、可持续交通、可持续材料、可持续食品、可持续水源、生态栖息地、文化遗产、公平经济和健康生活等10项。这些发展计划已成为英国许多可持续发展社区、城市的标准。英国生态城市建设具有如下特征。

第一章 生态文明时代新型城镇的发展与转型

其一,应对气候变化。城市总体层面的生态城市建设案例,如阿伯丁和格拉斯哥等,强调应对气候变化,重点是降低碳排放,改变城市整体能源结构。2000年前后,英国先后进行了小规模的生态城市实践,如格林尼治千年村(1997年)和贝丁顿零碳社区(2002)的探索,并在此之后开始面向全国的全面建设,英格兰、苏格兰和威尔士均有生态城市实践,涉及城市总体和中微观层面。英国政府还在英格兰地区发起英格兰生态城镇(English Eco-Towns)的评选,提供资金并广泛宣传。

其二,政府组织协作。英国生态城市建设在城市整体尺度上的推动多由政府主导,而针对社区等中微观尺度则由NGO或其他地方组织,通过设立多项奖励计划,如倡导"一个星球计划"(One Planet Living)等,形成富有自身特色的生态城市建设内容和步骤,并向全国推广。

(1)生态城镇计划

2007年,英国政府在英格兰地区发起了一项生态城镇评选的计划,计划至少评选出10个生态城镇作为英国践行可持续发展的实例。至2009年,英国政府从50多个参选城镇中选出了4个作为生态城镇建设典范——北西比斯特(North West Bicester)、雷克赫斯(Rackheath)、圣奥斯特尔(St. Austell)和怀特希尔博尔(Whitehill-Bordon)。这些生态城镇多位于城市附近,通过公共交通网络方便到达。英国政府将提供6 000万英镑资助,并有250万英镑专门用于生态校园的建设。计划于5年内新建能容纳30 000户居民的住房,并提供2 000多个就业岗位。英国政府出台了《生态城镇规划政策建议书》(Planning Police Statement: Eco-Towns),从碳排放规划、应对气候变化、工作岗位、生活方式、自然景观、水资源、交通规划和社区规划等方面提出了生态城镇建设标准。

例如,北西比斯特。北西比斯特位于比斯特镇的郊区,规划新建5 000户住户住宅中有1 500户属社会性住房,2011年批准了第一个可实施项目,为393户住户建设可再生能源中心,2012年,北西比斯特被评为"一个星球计划"(One Planet Living)奖。雷克赫斯:雷克赫斯位于历史重镇的郊区,原为第二次世界大战飞机场,现在用于农业用途,规划包括约4 000个新建筑,地方团体提出反对当地城市化的口号。圣奥斯特尔:改造6个废旧制瓷黏土坑,建设5 000个碳中和住宅、零售、休闲设施。怀特希尔博尔:以公共和私营部门的合作伙伴的形式,规划未来在230hm^{2}土地上建设5 500个碳中和住宅和两个生态校园。

(2)阿伯丁可持续城市

阿伯丁是英国苏格兰地区的重要城市,是苏格兰当局采取应对气候变化行动计划(2002)的第一个城市。

减少碳排放是阿伯丁可持续发展中的重要方面。阿伯丁于 2008 年开始实行可持续建筑标准(Sustainable Building Standard),确定至 2015 年 CO_2 排放量较 2008 年减少 23%,至 2020 年减少 42%。阿伯丁每年发布《城市碳管理项目进展报告》(Carbon Management Programme Progress Review),整体分析了城市 CO_2 的排放比例和公共建筑 CO_2 的排放比例,总结历年城市 CO_2 的排放来源和排放趋势,得出城市碳排放主要集中在公共建筑使用和垃圾填埋处理两大方面。从这两方面入手,有目标地跟进减碳行动。

《阿伯丁地区发展规划》(Aberdeen Local Development Plan)从基础设施、交通、居住区、商业区、工业区、环境和资源 7 个方面对阿伯丁如何实现可持续发展目标提出了政策和技术层面的规划。基础设施规划方面,城市整体被划分成 11 个区块。统筹协调各区块间的基础设施;交通规划方面,建设以公共交通为主导的道路体系,增加适宜的步行及自行车道路体系,以此改变私人小汽车的出行比例;环境规划方面,构建绿网绿带开放空间系统。针对如何提高空气质量,在阿伯丁,由于汽车尾气的排放导致氮氧化物和细颗粒物含量超标,目前建设了三个空气质量管理区,进行监测和模拟工作。此外,颁布《空气质量补充导则》(*Air Quality Supplementary Guidance*),任何规划申请需经过空气质量影响的评价,如果对空气质量有不良影响,则在申请中必须包含减轻空气污染的措施并通过审核,在建设进行中也需进行一系列空气质量的跟踪评价。

除了气候问题和空气问题,阿伯丁可持续发展规划还关注居民、企业、游客三者之间的关系;推广非塑料产品的使用、植树活动,颁发阿伯丁生态城市奖(Aberdeen EcoCity Awards),提高市民对生态城市理念的认识。

2. 德国的生态城市建设

德国属于生态城市建设起步较早的国家之一。最初的生态城市建设源于 20 世纪 70 年代,城市居民在非政府机构和环保人士的引领组织下,反对政府破坏环境的开发建设行为,并在取得成果之后迅速地建议在城市引入新政策,如埃尔朗根的交通规划和弗赖堡的住区规划等,并以此为起点,成为世界生态城市建设的典范。

德国生态城市建设具有如下特征。

(1)从交通和能源起步

颁布以慢行交通主导的城市交通政策,是众多德国生态城市的首要步骤。此外,新能源的开发与应用也是生态城市实践的重要方面。

(2)涉及各种建设类型

德国城市案例涉及环境、规划、建设、住房与交通等诸多领域,如埃尔朗根的城市政策、柏林克罗依茨贝格的街区改造、汉诺威康斯伯格的街区新建、汉堡港口新城的大规模改造开发等各种建设类型。同时包含以交通政策为主导、以新能源开发为主导、以生态产业为主导的各种发展重点,在生态城市建设的各个层面都进行了实践。

(3)地区分布差异明显

生态城市在德国的分布可以明显看出,原东西德之间的差异十分明显,原属西德地区的城市发展生态城市居多。

(二)国内生态城市建设案例

1. 广东深圳生态城市

在过去的30多年间,深圳的发展速度在中国城市中首屈一指。深圳人口超过800万,成为广东省第一大经济市和中国第四大经济市。深圳快速的经济发展也带来了严重的环境和社会问题,大量的农民工给城市基础设施带来压力。例如,2005年,城市污水的集中处理率仅为38%,低于中国城市平均水平。2007年,深圳市仅有2/3的地表水达到了国家水质标准。为使深圳以经济为中心的发展模式转换为可持续发展模式,深圳市政府于2005年宣布,深圳市将会把城市形象"闪速的深圳"转变成"高效的深圳"和"和谐的深圳"。深圳市正在努力创造城市绿色空间体系,改善空气和水质,推行清洁生产,支持绿色交通和绿色建筑。2006年,深圳市制订了2006—2020年生态城施工计划,并根据环保部制订的国家生态城市标准提出了一套生态城市指标体系。此体系具有23项指标,涵盖了社会经济发展、资源利用和生态环境等领域。其目标是到2010年使深圳市成为环保部认可的国家生态城市。深圳市已经于1997年被认定为"全国环保模范城市",并于2007年被住房和城乡建设部指定为首个全国生态花园试点城市。

广东深圳生态城市的特点包括如下几个方面。

(1)区域生态体系。深圳市接近一半的土地严格禁止建设任何建筑,可用土地资源数量非常有限。深圳从多中心的立体结构中受益,此结构有助于防止城市扩张。除了深圳生态城市建设计划外,深圳还开发了深圳绿色空间体系计划、深圳生态多样性保护计划、深圳生态森林建设计划和深圳湿地计划,用来指导包括绿色空间、野生动物栖息地、沿海区和湿地等区域生态体系的保护和建设。2005年,深圳的人均公共绿地面积超过了16m²,深圳市正积极创建国家森林城市,2016年,深圳森林覆盖率已经达到40.92%,人均公共绿地面积16.8m²,高于生态城市标准中规定的12m²,各项森林资源和生态指标均位于国内大中城市前列。深圳的空气质量也很好。2005年,环境空气质量达到国家环境空气质量标准二级标准中规定的360天,远远高于国家生态城市标准中规定的300天。

(2)能源和资源效率。与中国其他城市相比,深圳的人均GDP资源消耗量的能源和资源效率更高。例如,2005年单位GDP的能源消耗为每一万元人民币消耗标准煤0.63t,2011年至2014年深圳市单位GDP能耗分别下降4.39%、4.51%、5.12%、4.35%,连续4年超额完成广东省政府下达的年度目标,累计完成"十二五"目标的86.63%,超出"十二五"目标进度6.63%,截至2020年,此数值有望减少到0.35t。这些数值远远低于国家生态城市标准中规定的0.9t。2005年单位GDP的水消耗为每一万元人民币消耗水33.8m³,此数值远远低于国家生态城市标准中规定的150m³。2014年深圳市单位GDP能耗已下降到0.404t标准煤/万元,在全国大中城市中处于领先水平。

(3)节能型建筑。2006年,深圳市落实了"建筑节能规定",制订并执行了节能建筑标准。2008年,新建建筑达到国家节能标准的比例达到了100%,使深圳成为中国最先达到此目标的少数几个城市之一。国家平均水平为71%,远远低于深圳市水平。深圳市政府还规定每年新建的建筑物中至少有10%达到国家绿色建筑标准。通过节能条例的强制实施,建筑行业节约能源的数量占到了整个深圳市节能目标的49%,达到83万吨标准煤。近年来,深圳坚持将节能降耗作为推动"深圳质量"的重要抓手,加快构建以绿色、低碳、循环为特点的生产方式和消费模式,节能工作在五大领域取得了显著成效。在建筑节能领域,深圳率先全面实施绿色建筑标准。截至2014年年底,全市已有208个项目获得绿色建筑评价标志,总建筑面积超过2 100万m²,规模居全国首位,综合节能总量超过410万t标准煤。

(4)循环经济。深圳是中国首个发布地区规章、技术标准和财政机制推动清洁生产、再生水和太阳能的城市。这些工作以2006年颁布的《深圳经济特区循环经济促进法案》为指导,设立了市级和区级的机构管理循环经济的发展。2005年,二氧化硫和化学需氧量的释放强度分别为每一万元人民币0.88kg和1.13kg,远远低于国家生态城市标准中规定的5.0kg和4.0kg的标准。2007年,深圳市被国家发改委、环保部和其他直属部委指定为"国家循环经济试点城市"。与此同时,深圳加大了对化工、建材等行业的高能耗、高污染落后产能的淘汰力度,2014年共清理淘汰低端企业3 047家。

2. 安徽淮北生态城市

淮北生态开发的主要动力是解决与矿业部门有关的严重环境问题,主要方式是采取各种补救措施。淮北地区煤矿储量丰富,煤矿工业是经济的

第一章 生态文明时代新型城镇的发展与转型

主要动力。淮北是中国十大产煤城市之一。目前,淮北的能源工业产值在中国东部名列第三位,占淮北市工业产值的70.8%,占GDP的37.4%。半个世纪的煤矿开采作业已经使得该地区煤矿储量锐减,更重要的是给环境和发展可持续性造成了威胁。淮北一年中仅有不足200天的环境空气质量达到或超过中国国家环境空气质量二级,远远低于国家生态城市标准中规定的300天。化学需氧量的排放强度、单位GDP能源消耗量和单位GDP水消耗量均未达到国家标准。2009年,淮北被认定为中国44座"能源枯竭"城市之一。为改善这种情况,2004年,淮北市开始制订淮北生态城市建设计划。同时,还设立了指导委员会负责管理生态城市的开发。淮北生态城市的特点如下:

(1) 恢复退化土地

近些年来,淮北城市规划侧重于恢复因大量采煤造成的地层下陷。淮北下陷地区面积接近$130km^2$,每年以$5km^2$的速度增加。淮北从20世纪80年代起就启动了下沉地层恢复工作,制订了各种补救措施解决不同问题。城市计划明确指出应严格保护市中心下沉地区,作为绿化带、湿地和用水区。计划指出城市建成区域边缘的下沉地区恢复后可用作城市道路、公共设施和工业园建设用地,但前提是达到有关建筑高度和建筑标准的特殊规定,所有建设项目都需采取适当的工程措施。这些下沉区域也可作为城市公园的建设。目前,约$54km^2$的下沉地区都得到了恢复,中央人民政府已经认定淮北市为"土地恢复示范区"。

(2) 建筑行业

淮北市发布了规章推动"土木工程建设节能管理",规定所有新建建筑必须符合节能标准。此外,淮北提倡在建筑物建设中使用废料。例如,将工业废料作为建筑的原材料。目前,淮北市中80%以上的多层砖—混凝土结构建筑使用煤矸石烧结砖。

(3) 用水效率

淮北市颁布规章并采用工业水配额的方式推动水资源保护和管理。采取的措施有:煤矿水净化处理、冷却水回收利用、推广节水灌溉,并改造供水网防止水泄漏。采取这些措施后,预计淮北市可节约7 000万立方米的水资源。收集雨水将其重新注入河流和下沉区域内作为工业用水。2006年,淮北被有关部门认定为"国家节水试点城市"。

(4) 能源效率

淮北市颁布了一系列的规章用来评估、监督、激励并推动工业开发中的节能工作。通过更新现有设备和利用余热的方式,节约了工业发展所需的能源。将煤层气作为民用燃料气。截至2015年,煤层气的产出可达到2万立方米。在农村通过采用太阳能热水器、节能灶、农村沼气池、太阳能温室和太阳能供暖等方式推动可再生能源的使用。2008年,淮北市启动了"节能减排家庭社区行动",以此提高了民众节能意识,还在社区内陈列宣传挂图。50个家庭被授予"节能家庭"的称号。

(5)循环经济

2008年1月,淮北被确定为中国循环经济第二组试点城市。2008年5月,淮北市政府颁布了《淮北推动循环经济发展的规章》,为主要的企业和项目设立了支持基金和优惠税收政策。近些年来,淮北市还扩展了工业链开发煤炭深加工,并实施了一系列与循环经济有关的重点项目。淮北煤化—盐化综合项目(最大的项目)投资400亿元人民币,目前项目逐渐成形。淮北市主要工业中的12家企业(如煤、纺织机械、电力、印染和轻工业)被认定为试点企业,以达到污染综合控制目标,主要实行清洁生产,降低二氧化碳、二氧化硫及其他污染物的排放。煤矸石、尾矿和炉渣的综合利用情况也有所改善。

2016年3月,全国绿化委员会下发《关于表彰全国绿化模范单位和颁发全国绿化奖章的决定》,淮北榜上有名,荣获"全国绿化模范城市"称号。这是淮北市继获得"全国造林绿化先进单位"、"全国平原绿化先进单位"、"国家园林城市"之后,在生态文明建设方面获得的又一殊荣。

(三)生态城市的建设模式

在大量生态城市建设实践中,依据不同角度可以将这些实践划分成不同模式类型。根据城市建设涉及规模的不同,生态城市建设可分为两大类:一类是宏观层面的,涉及空间规划及使用模式;另一类是微观层面的,涉及技术使用和功能布局原则。根据城市建设主体模式的不同,生态城市建设模式大致可概括如下。

(1)政府导向型模式。这种模式在世界生态城市建设中最为常见。政府一直非常重视发挥政府职能的作用,通过政府制订相关发展规划,以及相关法规政策支持,加快推进生态城市建设。

(2)技术创新型模式。将加强生态环境方面的科技研究置于重要地位,选择需要重点突破的领域进行科研攻关,尽快使其产业化。

(3)项目建设带动模式。主要通过典型项目的有效实施,如改善能源利用项目、中心城区改造项目、河流重点流域恢复项目、垃圾循环回收项目和建设慢行道项目等,在生态城市建设中发挥重要的带动作用。

(4)团体组织驱动模式。通过发挥城市社区组织的作用,引导和组织社区群众积极参与生态城市建设。

(四)国内外生态城市评价指标体系中生态类指标分类分解

指标体系是由若干相互联系的统计指标所组成的有机体,生态城市指标体系则是在生态城市设计、建设、运营和管理全过程中涉及的若干相互联系的生态要素的统计指标所组成的集合。

生态城市指标体系的特点包括科学性与实用性,典型性与可比性,动态性与可操作性,前瞻性与导向性,层次性与数量化。本书选取了12项国外生态城市评价指标体系和7项国内生态城市评价指标体系,将其中生态类指标分类分解。

1.国外生态城市评价指标体系

(1)联合国可持续发展委员会可持续发展指标体系

联合国于1992年成立了联合国可持续发展委员会,联合国政策协调和可持续发展部、联合国统计局、联合国开发计划署、联合国环境规划署、联合国儿童基金会和联合国亚洲及太平洋经济社会委员会等机构合作研究并在1999年提出了可持续发展指标体系,涵盖社会、环境、经济和制度四大方面,包括15个领域,58个指标。其中,涉及生态环境类5个领域,分别是大气、土地、海洋和海岸、淡水和生物多样性,13个子领域和19个指标(表1-5)。

表1-5 联合国可持续发展委员会可持续发展指标体系生态类指标分解(彭惜君,2004)

指标名称	涵盖类别	涉及环境类领域	子领域	指标
可持续发展指标体系(联合国可持续发展委员会)	社会环境经济制度	大气	气候变化 臭氧层耗竭 空气质量	温室气体排放量 臭氧层耗竭物质消费量 城市大气污染物浓度
		土地	农业	耕地面积 化肥使用量 农药使用量
			森林	森林覆盖率 木材采伐量

续表

指标名称	涵盖类别	涉及环境类领域	子领域	指标
可持续发展指标体系（联合国可持续发展委员会）	社会环境经济制度	海洋和海岸	沙漠化	受荒漠化影响的土地面积
			城镇化	城市正式和非正式住区面积
			海岸	海水中藻类数量 沿海人口
		淡水	渔业	年产量
			水量	年地表水及地下水量
			水质量	水体中的生物需氧（BOD） 淡水中的粪大肠杆菌量
		生物多样性	生态系统	有选择性的关键生态系统的面积保护区面积
			物种	有选择性的关键微生物的分布量

(2) 世界自然保护联盟可持续性晴雨表评估指标体系

世界自然保护联盟（IUCN）与国际开发研究中心（IDRC）联合提出了"可持续性晴雨表"评估指标和方法，用于评估人类与环境的状况及可持续发展的进程。该评估指标和方法涵盖了人类福利与生态系统福利两大类，并认为可持续发展是人类福利和生态系统福利的结合，生态系统环绕并支撑着人类，只有当人类和生态系统都好的时候，社会才能是可持续的。生态系统福利子系统包括土地（5个指标）、水资源（20个指标）、空气（11个指标）、物种与基因（4个指标）和资源利用（11个指标）5个要素19个指标（表1-6）。

表1-6 世界自然保护联盟可持续性晴雨表评估
指标体系生态类指标分解(张志强等,2002)

指标名称	涵盖类别	涉及生态系统类目标	指标
可持续性晴雨表评估指标体系(世界自然保护联盟)	人类福利、生态系统福利	土地	耕地和建设用地占总土地面积比例 生态用地占总土地比例 森林面积年变化率 保护用地比例 退化土地的比例
		水资源	河流悬浮物含量 可再生水利用率
		空气	空气中浓度 城市中颗粒物浓度 人均排放量
		物种与基因	人均消耗臭氧层物质的使用 受威胁高等植物比例 受威胁高等动物比例 受威胁的动物种类
		资源利用	人均能源需求 每公顷粮食产量 每公顷化肥消耗量 每平方千米捕鱼量 木材消耗和进口量

(3)美国可持续西雅图评价指标体系

西雅图在1991年由150多名西雅图市民自发组成的工作小组"可持续西雅图"成立,该小组的主要工作目标就是建立一套用于衡量可持续发展的指标体系。"可持续西雅图"的指标体系可分为环境、人口与资源、经济、青少年教育、健康与社区五大类,每一类中又包括具体的指标(表1-7)。

表 1-7 美国可持续西雅图评价指标体系

指标名称	涵盖类别	涉及环境和资源方面	指标
美国可持续西雅图评价指标体系("可持续西雅图"小组)	环境、人口与资源、经济、青少年教育、健康与社区	环境	野生蛙数量 生态数量 土壤腐蚀 年空气质量良好的天数 步行或自行车友好型街道数量 居住社区周边开放空间的数量 地表不透水面积
		人口与资源	人均用水量 年人均固体垃圾的产量与循环利用率 污染防治 当地农业产量 人均机动车行驶里程与耗油量 可再生与不可再生的能源消耗
		经济	每 1 美元收入导致的能源消耗

数据来源：于洋，2009。

(4) 耶鲁大学和哥伦比亚大学环境可持续发展指标体系

2000 年，美国耶鲁大学和哥伦比亚大学合作开发了环境可持续性指标(ESI)，对不同国家的环境状况进行系统化、定量化的比较，包含 5 个组成部分、21 个指标和 64 个变量。2006 年，耶鲁大学和哥伦比亚大学的研究者首次发布了环境绩效指数(EPI)，该指数是在环境可持续性指标(ESI)的基础上发展而来的，分为环境健康、空气质量、水资源、生物多样性和栖息地、生产性自然资源和可持续能源等六大类别，共 25 项指标(表 1-8)。

表 1-8 耶鲁大学和哥伦比亚大学环境可持续
发展指标体系生态类指标分解

指标名称	涵盖类别	涉及环境方面	指标大类	指标
环境绩效（EPI）（耶鲁大学和哥伦比亚大学合作）	环境健康	环境健康	环境的疾病负担	环境的疾病负担 饮用水水源的获得 卫生的获得 城市颗粒物含量 室内空气污染程度 二氧化硫排放量 氮氧化物排放量 挥发性有机化合物的排放量 臭氧超标程度 水质指数 水质威胁程度 水资源短缺指数 生物群落保护 重要栖息地保护 海洋保护区 木材积累量 森林覆盖率 海洋营养指数 拖网捕鱼强度 农药使用量 农业用水强度 农业补贴 温室气体人均排放量 电力碳强度 工业碳强度
			水环境对人的影响	
	空气质量	生态系统活力	空气环境对人类的影响	
	水资源		水环境对生态系统的影响	
	生物多样性和栖息地、生产性自然资源和可持续能源		生物多样性和环境	
			森林	
			渔业	
			农业	
			气候变化	

2. 国内生态城市评价指标体系

(1) 国家环境保护总局《国家环保模范城市指标体系》

国家环境保护总局于2006年颁布了《"十一五"国家环境保护模范城市考核及其实施细则》。从经济社会、环境质量、环境建设和环境管理4个方面提出30个指标,对43个中国环保模范城市做出考量(表1-9)。

表1-9 国家环境保护总局《国家环保模范城市指标体系》生态类指标分解

指标名称	涵盖类别	涉及环境类领域	指标
"十一五"国家环境保护模范城市考核指标(国家环境保护总局)	经济社会	经济社会	单位GDP能耗＜全国平均水平,且近三年逐年下降
			单位GDP用水量＜全国平均水平,且近三年逐年下降
			万元GDP主要工业污染物排放强度＜全国平均水平,且近三年逐年下降
	环境质量	环境质量	全年空气污染指数(API)≤100的天数
			集中式饮用水水源地水质达标率
			城市水环境功能区水质达标率
			区域环境噪声平均值≤60dB
			交通干线噪声平均值≤70dB
	环境建设	环境建设	受保护地面积占国土面积比例
			建成区绿化覆盖率
			城市生活污水集中处理率
			重点工业企业污染物排放稳定达标率
			工业企业污染物排放口自动监控率
			工业企业排污申报登记执行率
			城市清洁能源使用率
			城市集中供热普及率
			机动车环保定期检测率
			生活垃圾无害化处理率
			工业固体废物处置利用率
			危险废物处置率
	环境管理	环境管理	建设项目环评执行率
			公众对城市环境保护的满意率
			中小学环境教育普及率

第一章 生态文明时代新型城镇的发展与转型

(2) 中国科学院《可持续发展指标体系》

中国科学院可持续发展战略研究组按照系统理论和方法,设计了一套"五级叠加,逐层收敛,规范权重,统一排序"的可持续发展指标体系。该指标体系分为总体层、系统层、状态层、变量层和要素层 5 个等级,其中系统层包括生存支持系统、发展支持系统、环境支持系统、社会支持系统和智力支持系统,状态层可以从不同的角度表现系统行为的静态或动态特征。该指标体系包含 48 个指数,共 208 项要素,庞大的体系使其在实际应用上受到限制(表 1-10)。

表 1-10 中国科学院《可持续发展指标体系》生态类指标分解
(中国科学院可持续发展战略研究组,2007)

指标名称	涵盖类别	涉及环境类别领域	指标
可持续发展指标体系(中国科学院)	生存支持 发展支持 环境支持 社会支持 智力支持	生存资源禀赋 资源转化效率 区域生态水平 区域环境水平	土地资源指数 水资源指数 水土匹配指数 气候资源指数 生物资源指数 生物转化效率指数 经济转化效率指数 排放强度指数 大气污染指数 生态脆弱指数 气候变异指数 土壤腐蚀指数

第二章 绿色建筑发展研究与评估体系分析

第一节 绿色建筑的概念辨析

一、绿色建筑的基本概念

依据国家标准《绿色建筑评价标准》(GB/T 50378—2014)所定义的内容,绿色建筑(GreenBuilding)是指在建筑的全寿命周期以内,尽其最大限度地节约资源(节能、节地、节水、节材)、爱护环境和降低污染,为广大群众提供健康、适合和高效的使用空间,与大自然和谐互利共生的建筑。

建筑的物料生产、规划、设计、施工、运营维护、拆除、回用和处理的全过程构成了建筑的全生命周期。

二、绿色建筑的基本要素

在绿色建筑基本概念的基础上,分析绿色建筑包含的基本要素,有利于进一步了解绿色建筑的本质内涵。绿色建筑基本要素大致有五个方面。

(一)耐久适用

耐久适用性是对绿色建筑最基本的要求之一。其耐久性指的是在进行正常的维护和不必要进行大幅度修改的情况下,绿色建筑物的使用年限必须满足一定的设计使用期限要求,如在期限内不会出现严重的风化、老化、衰减、失真、腐蚀和锈蚀等。其适用性指的是在通常的使用条件下,绿色建筑物的作用和工作性能满足构建时的计划年限的应用需求,如未出现影响正常使用的过大变形、过大振幅、过大裂缝、过大衰变、过大失真、过大腐蚀和过大锈蚀等;与此同时,也符合在相对条件下的改造使用需求,例如,按照市场所需,把自用型办公楼改造成为出租型写字楼,或将各种餐厅改建成酒吧以及咖啡馆等系列。

即便是临时性建筑物也有这样的绿色化问题。如2008年北京奥运会临时场馆国家会议中心击剑馆,就体现了绿色建筑耐久适用的设计理念和元素。奥运会期间,它用作国际广播电视中心(IBC)、主新闻中心(MPC)、击剑馆和注册媒体接待酒店。奥运会后,它被改造为满足会议中心运营要求的国家会议中心。

(二)节约环保

节约环保是绿色建筑的基本特征之一。这是一个全方位全过程的节约环保概念,包括用地、用能、用水和用材等的节约与环保,这也是人、建筑与环境生态共存和两型社会建设的基本要求。2008年北京奥运会的许多场馆,如国家体育馆,就融有绿色建筑、节约环保的设计理念和元素。当然,去除在物质资源中的有形节约以外,还有时空资源等其他方面所体现的无形节约。例如,建筑物的场地交通要做到组织合理是绿色建筑的要求之一,人们到达公交站点的步行距离最大不超过500m等。这不仅仅是一种人性化的设计问题,也是一个节约时空资源的设计问题。这便要求人们在构建建筑物时要全方位全过程地进行整体的考虑。再如英国伦敦市政大楼,由于较好地运用了许多新型适用的技术,使其节能率达到70%以上,节水率约为40%,并且有良好的室内空气环境条件。在绿色建筑里工作的人们,可以减少10%~15%的得病率,使精神状态和工作心情得到缓解,工作效率也可以大幅提高。这就是另一种节约的涵义。

(三)健康舒适

随着人类社会的进步和人们对生活品质的不断追求,健康舒适逐渐为人们所重视,它是绿色建筑的另一项基本特征,其核心内容是体现"以人为本"。它的目的是在有限的活动空间里为人们提供有健康舒适保障的环境,多方面提高人居生活以及工作环境品质,逐渐满足群众生理、心理、健康和卫生等方面的多种需求,这是一个整体的系统概念。如风、水、声、光、空气、温度、湿度、地域、定位、间距、生态、形状、结构、围护和朝向等要素都应符合一定的健康舒适性需求。2008年北京奥运会的许多场馆,如北京奥运村幼儿园工程的能源系统等,就融有绿色建筑健康舒适的设计理念和元素。

(四)安全可靠

安全可靠是绿色建筑的另一项基本特性。有部分人认为：人类营造建筑物的目的在于寻找生存和发展的"庇护所"，与此同时也反映出人们对建筑物创造者的人性与爱心、责任感与使命感的心底诉求，更不用说经历过 2008 年汶川大地震劫难的人们对此发自内心的呐喊：永远不要把建筑物建成一个断送人们的希望与梦想的坟墓。

崇尚生命是安全可靠的实质。安全可靠实际上是指绿色建筑在正常设计、正常施工和正常运用与维护条件下能够经受各种可能出现的作用和环境条件，并且要在有可能发生的各种偶然作用和环境变异时仍然可以保持必需的整体稳定性和工作性能，不至于发生连续性的倒塌和整体安全问题。

绿色建筑的安全可靠性是对建筑结构本身的需求，也包括对建筑设备设施以及环境方面的安全可靠性要求，如消防、安防、人防、私密性、水电以及卫生等各个方面的安全可靠。例如 2008 年北京奥运会全部的场馆建设，如国家游泳中心"水立方"，融有绿色建筑安全可靠的设计理念和元素。

(五)低耗高效

低耗高效是绿色建筑的基本特征之一。这是一个全方位、全过程的低耗高效概念，是从两个不同方面来满足两型社会建设的基本要求。绿色建筑要求建筑物在设计理念、技术运用以及运行管理等环节上对低耗高效予以充分的体现和反映，实事求是地使建筑物在各个方面降低需求的同时高效地利用所需资源。

2008 年北京奥运会的很多场馆，像奥运柔道跆拳道馆——北京科技大学体育馆，就是将绿色建筑低耗高效作为设计理念。

第二节 绿色建筑的发展研究

一、绿色建筑的形成与发展

绿色建筑的浪潮最早起源于 20 世纪 70 年代的两次全球能源危机，在当时的情况下，石油恐慌兴起了建筑界的节能设计运动，与此同时也引发了"低能源建筑"、"诱导式太阳能住宅"、"生态建筑"和"乡土建筑"的热潮，至

第二章 绿色建筑发展研究与评估体系分析

今也成为环境设计思潮的主流。

1970年之前,世界经济空前繁荣,市场一度鼓励消费,有的直接将"消费就是美德"作为口号。当时,我国全面建设小康社会这一国家战略正是最盛行的时候,建筑设计的模式正朝向全面机械化和设备化前进,例如中央空调全天候供应、热水系统24h不间断、人工照明等设计遍布全世界,无一不是在消耗地球资源。在1964年的"未来主义建筑宣言"中,更鼓励人类建立最浪费的都市模式。不断地告诉大家:这个世界未来的都市就像一座造船厂,而居民住宅就像是一座巨大的机器,连接建筑物的全部是金属步道和高速车道,电梯是由金属和玻璃制成的,它们的排列就像蛇一样盘踞在建筑物表面。甚至还幻想着将整个都市装上喷射引擎及移动的四肢,以达到任意走动或飞上火星的目的。

1972年,一部名为《成长的极限》的著作由罗马俱乐部发表,该著作对迷信经济增长的人类文明提出严重警告,同时震撼了全球。此警钟初鸣,1973年随即发生了第一次石油危机,这次灾难可谓是惊天动地,也从根本上击溃了当时机械万能的信仰。当时的建筑界因而开始注意"节能设计"的重要性,也因此一些节能住宅,令人耳目一新,甚至在美国的大街小巷兴起了"诱导式太阳能设计"的风潮。进而各国政府也开始制订建筑节能设计法令、加强建筑外壳隔热规定,尤其在寒带先进国家,短短十几年时间,因节能法令而大幅提升了建筑物的保温性及气密性,使建筑质量得到明显改善。

20世纪80年代,随着节能建筑体系逐步完善,建筑室内环境与公共卫生健康问题凸显出来,以健康为中心的建筑环境研究成为发达国家建筑领域研究的新热点。在非典和全球甲型H1N1流感肆虐的情况下,健康问题更是人们关注的焦点之一。

1990年,英国"建筑研究所"(Building Research Establishment,BRE)率先制订了世界上第一个绿色建筑评估体系"建筑研究所环境评估法"BREEAM(Building Research Establishment Environmental Assessment Method)。

1992年,在巴西里约热内卢召开的"联合国环境与发展大会"(United Nations Conference on Environment and Development)上,国际社会广泛地接受了"可持续发展"的概念,即"既满足当代人的需要,又不对后代人满足其需要的能力构成危害的发展",并首次提出绿色建筑概念。

1993年,联合国成立了可持续发展委员会(Commission on Sustainable Development)。

1995年,世界可持续发展工商理事会(World Business Council for Sustainable Development)成立。

20世纪90年代以来,世界各国相继成立绿色建筑协会,并先后推出有关绿色建筑评价标准体系,如美国 LEED(Leadership in Energy and Environmental Design)、日本 CASBEE(Comprehensive Assessment System for Building Environmental Efficiency)和澳大利亚 NABERS(National Australian Building Environmental Rating System)等。

1999年11月,世界绿色建筑协会(World Green Building Council)在美国成立。

进入21世纪后,绿色建筑的内涵和外延更加丰富,绿色建筑理论和实践进一步深入和发展,受到各国的日益重视,在世界范围内形成了蓬勃兴起和迅速发展的态势,这是绿色建筑的蓬勃兴起期。

继英国、美国、加拿大和我国香港、台湾地区之后,日本、德国、澳大利亚、挪威、法国、韩国及中国内地等相继推出了适合于其地域特点的绿色建筑评估体系,至2009年,全球的绿色建筑评估体系已达20个。

2001年7月13日,我国以"绿色奥运、科技奥运、人文奥运"为主题,成功申办奥运会。国际奥委会第112届全体会议投票选出北京为2008年第29届夏季奥运会主办城市。并且我国推出《绿色生态住宅小区建设要点与技术导则》《中国生态住宅技术评估手册》等。2002年,我国举办了以可持续发展为主题的世界论坛。2003年,我国推出《绿色奥运建筑评估体系》。2005年,我国推出《绿色建筑技术导则》。2006年3月7日,我国发布并于2006年6月1日起实施国家标准《绿色建筑评价标准》。2008年4月14日,我国绿色建筑评价标志管理办公室成立。

进入21世纪以来,在世界绿色建筑革命的浪潮中,尤以我国青藏铁路的建设为世界瞩目的宏大绿色建筑工程建设项目。2001年6月29日至2006年7月1日,我国建成通车了世界上海拔最高的铁路——青藏铁路,这项宏大的建筑工程成功地解决了生态脆弱、高寒缺氧、多年冻土和狂风侵扰等世界性的建筑难题,使青藏铁路成为一条名副其实的高新科技之路、生态文明之路和绿色环保之路,是21世纪人类历史上最伟大的绿色建筑工程实践的典范。

2016年,我国绿色建筑依旧保持着强劲的增长势头,国家层面为绿色建筑制订更高落实目标,多个省份以立法形式推广绿色建筑,装配式建筑重点区域划定……绿色建筑发展达到了新的高度。

2016年2月,发改委、住建部会同有关部门共同制订了《城市适应气候变化行动方案》(以下简称《方案》)。

《方案》中明确提出,到2020年,建设30个适应气候变化试点城市、典型城市,适应气候变化治理水平显著提高,绿色建筑推广比例达到50%。

第二章　绿色建筑发展研究与评估体系分析

《方案》强调在新建建筑设计中充分考虑未来气候条件,积极发展被动式超低能耗绿色建筑,通过采用高效高性能外墙保温系统和门窗,提高建筑气密性,鼓励屋顶花园和垂直绿化等方式增强建筑集水和隔热性能,保障高温热浪和低温冰雪极端气候条件下的室内环境质量。

2016年3月,中国建筑科学研究院和中国城市科学研究会等有关机构启动《健康建筑评价标准》(以下简称《标准》)的编制工作。

《标准》定位于绿色建筑多维发展的深化方向,以使用者的"健康"属性为核心,在我国绿色建筑领域尚属先例。

《标准》力求满足人们当前日益增长的健康需求,从与建筑使用者切身相关的室内外环境、设施和建材等方面入手,将建筑使用者的直观感受和健康效应作为关键性评价指标,着眼于令使用者真正成为绿色健康建筑的受益群体。

《绿色建筑工程消耗量定额》征求意见稿于2016年7月发布。该定额适用于按照国家《绿色建筑评价标准》要求,进行设计、施工及验收的建筑工程项目。《绿色建筑工程消耗量定额》于2017年2月7日正式公布。

该定额包括节地及室外环境、节能及能源利用、节水及水资源利用、节材及材料资源利用和室内环境工程共五章。

以上种种,均显示出我国对绿色建筑革命的积极性。

二、"乡土建筑"与"生态建筑"两大思想脉动

《成长的极限》与两次能源危机给世人所带来的巨大冲击,也唤起了广泛的环保意识,一方面一些跨国环保组织相继成立,如"地球之友会"和"绿色和平组织"等;另一方面在建筑思潮上,也激起了两大思想的波动,其一就是"乡土建筑"(Vernacular Architecture),其二就是"生态建筑"(Ecological Architecture)。

"乡土建筑"的脉动,其根本原因是因能源危机的冲击而不满于现代建筑一味追求巨型化、设备化和人工化的思潮,并反对国际建筑形式完全不考虑气候风土、地方建材,产生无个性、无文化的建筑风格。毕竟"节能建筑"的最高境界在于顺其自然、顺应风俗。渐渐地,许多人发现,一直以来一些生长于各种气候下的乡土民居,他们都拥有着极其高超的自然环境设计的智慧和想法,很多内容都是值得今天的我们及现代建筑引以为鉴。

"乡土建筑"的脉动,尤其受到异类建筑思想大师伯纳德·鲁多夫斯基(Bernard Rudofsky)的名著《没有建筑师的建筑》(*Architecture without Architects*)所震撼,使得部分设计者纷纷转向一些没有受到近代文明污染的

"原始建筑""传统民居"去追求灵感,去挖掘"地方风格""乡土特色",而"乡土民居"的研究也因而蔚然成为风尚。于是,像中国黔东南的吊脚楼民居、日本的合掌民居和印度尼西亚的长脊短檐的干栏民居等,成为新建筑设计师效仿的对象。由能源危机所连接的"乡土建筑"脉动,不但引发所谓的"地域主义"(Regionalism)风格,更赋予新建筑人文关怀,可说是近现代建筑史上最重要的活力源泉。

同时,一股所谓的"生态建筑"脉动,乃是对现代机械文明提出严重控诉的环境设计理论。"生态建筑"萌芽于20世纪60年代的生态学,受到生物链和生态共生思想的影响,对过分人工化和设备化环境提出彻底的质疑。"生态建筑"强调使用当地自然建材,尽量不使用近代能源及电化设备,如芝加哥生态建筑。一些采用覆土、温室、蓄热墙、草皮屋顶、风车和太阳能热水器等外形的节能建筑纷纷出现,甚至种植水耕植物,以厨余和动物粪便制造堆肥与沼气,以回收雨水充当家庭用水,以人工湿地处理污水并养鱼等生态技术,均成为"生态建筑"的设计重点。这波"生态建筑"的脉动,正是日后"绿色建筑"的先锋。

第三节 国内外绿色建筑的基本情况和评价评估体系分析

一、国内绿色建筑基本情况及评价标准

(一)我国大陆绿色建筑基本情况及评价标准

1.我国大陆绿色建筑基本情况

现代意义上的绿色建筑在我国起步较晚,但发展还是比较快的。和世界绿色建筑的发展情况相仿,我国现代意义上的绿色建筑发展大致可分为3个阶段:1986—1995年为探索起步阶段;1996—2005年为研究发展阶段;2006年至今为全面推广阶段。

(1)探索起步

我国发展现代意义上的绿色建筑是从抓建筑节能工作开始的,这是由我国的基本国情决定的。以1986年颁布实行的《民用建筑节能设计标准(采暖居住建筑部分)》为标志,我国正式启动了建筑节能工作。节能是绿色

建筑的基本要素之一,因而,这一标准的贯彻实施标志着我国进入了绿色建筑的探索起步阶段。我国的绿色建筑在探索中起步,在起步中探索。以建筑节能作为绿色建筑的核心内容和突破口,通过科技项目和示范工程来带动绿色建筑的起步和推进,对促进我国绿色建筑的起步发挥了重要作用。

从1986—1995年的10年间,我国先后颁布实行了许多与绿色建筑要求有关的法律法规和政策性文件。同时,我国实施和实践了许多举世瞩目的绿色建筑项目和工程,如长江三峡水利枢纽工程等。长江三峡水利枢纽工程是人类历史上一项最伟大的绿色工程实践,是人类对自然适应和改造相统一的旷世创举。

(2)研究发展

随着20世纪90年代国际社会对可持续发展思想的广泛认同和世界绿色建筑的发展,以及我国绿色建筑实践的不断深入,绿色建筑的理念在我国开始变得逐渐清晰起来,受到了来自众多方面的更大关注。1996年,国家自然科学基金会正式将"绿色建筑体系研究"列为我国"九五"计划重点资助研究课题。这标志着我国的绿色建筑事业由探索起步阶段进入了研究发展阶段。从1996—2005年的10年间,我国绿色建筑在研究中发展,以研究促发展,以发展带动研究。进一步完善和颁布实行了许多与绿色建筑要求有关的法律法规政策性文件。各有关政府部门、科研院所、大专院校等均加大了投入,进行了更为广泛的绿色建筑、生态建筑和健康住宅方面的理论和技术研究,例如:建设部和科技部组织实施了国家"十五"科技攻关计划项目"绿色建筑关键技术研究",重点研究了我国的绿色建筑评价标准和技术导则,开发了符合绿色建筑标准的具有自主知识产权的关键技术和成套设备,并通过系统的技术集成和工程示范,形成了我国绿色建筑核心技术的研究开发基地和自主创新体系,在更大的范围内进行了许多宝贵的工程实践,取得了举世公认的伟大成就,以"绿色奥运、科技奥运、人文奥运"为主题的31个奥运场馆和中国国家大剧院等一大批国家重点工程项目的建设极大地推动和促进了我国绿色建筑事业的发展,为在我国全面推广绿色建筑奠定了坚实的基础。同时,设立了"全国绿色建筑创新奖",拉开了在我国全面推广绿色建筑的序幕。

2. 我国大陆地区绿色建筑评价标准

(1)《绿色奥运建筑评估体系》

1)背景

随着可持续发展观念在世界各国各个领域的深入人心,国际社会达成了一个共识:体育活动的开展也要求与环境保护协调一致,寻求发展与保护的平衡点,并最终通过体育活动的开展促进社会的可持续发展。因此,国际奥委会于1991年对奥林匹克宪章做出了修改,将提交环保计划作为申报奥运会城市的必选项目。1996年国际奥委会成立了环境委员会,并最终明确了"环保"作为奥运会继"运动""文化"之后的第三大主题。

2002年,在科学技术部、北京市科委和北京奥组委的组织下,"奥运绿色建筑标准及评估体系研究"课题立项,项目组成员包括清华大学、中国建筑科学研究院等9家单位,该课题也是科技部"科技奥运十大专项"中的核心项目。2004年2月25日,"奥运绿色建筑标准及评估体系研究"顺利通过专家验收,并形成了《绿色奥运建筑评估体系》《绿色奥运建筑实施指南》《奥运绿色建筑标准》等一系列研究成果,为奥运场馆建设提供了较为详尽的建设依据,并将绿色奥运建筑的评估经验向全国范围内推广。

2)评估体系介绍

《绿色奥运建筑评估体系》(以下简称GOBAS)中明确指出:绿色建筑在国内外虽然尚无统一的意见,但可以明确的是,绿色建筑希望在能源消耗和环境保护上做到少消耗、小影响,同时也要能为居住和使用者提供健康舒适的建筑环境和良好的服务。换言之,绿色建筑希望在这两者之间找到一个平衡点,而不只是单纯地强调某一个方面。目前中国总体建筑环境质量差距较大,现状和要求存在较大的差距,强调的主体应该是能源、资源和环境代价的最小化。

GOBAS由绿色奥运建筑评估纲要、绿色奥运建筑评分手册、评分手册条文说明和评估软件四个部分组成。其中评估纲要列出与绿色建筑相关的内容和评估要求,给予项目纲领性的要求;评分手册则给出具体的评估打分方法,指导绿色建筑建设与评估;条文说明则对评分给出具体原理和相应的条目说明。

同时,GOBAS按照全过程监控,分阶段评估的指导思想,将评估过程分为以下4个阶段。

第一,规划阶段:场地选址、总体规划环境影响评价、交通规则、绿化、能源规划、资源利用和水环境系统。

第二,设计阶段:建筑设计、室外工程设计、材料与资源利用、能源消耗、水环境系统和室内空气质量。

第三,施工阶段:环境影响、能源利用与管理、材料与资源、水资源和人员安全与健康。

第四,验收与运行管理阶段:室外环境、室内环境、能源消耗、水资源、绿色管理。

GOBAS根据上述四个阶段的不同特点和具体要求,分别从环境、能源、水资源和室内环境质量等方面进行评估。同时规定,只有在前一阶段的评估中达标者才能进行下一阶段的设计、施工工作,充分保证了 GOBAS 从规划、设计、施工到运行管理阶段的持续监管作用,使得项目最终达到绿色建筑标准。

(2)《绿色建筑评价标准》

1)背景

虽然引入了"绿色建筑"的理念,但我国长期处在没有正式颁布绿色建筑的相关规范和标准的状态。现存的一些评价体系和标准,或侧重评价生态住宅的性能,或针对奥运建筑,没有真正明确绿色建筑概念和评估原则、标准的国家规范。《绿色建筑评价标准》在这种背景下于 2006 年 6 月正式出台,填补了我国的这项空白。《绿色建筑评价标准》首次以国标的形式明确了绿色建筑在我国的定义、内涵、技术规范和评价标准,并提供了评价打分体系,为我国的绿色建筑的发展和建设提供了指导,对促进绿色建筑及相关技术的健康发展有重要意义。

2)评价内容与方法

《绿色建筑评价标准》评价的对象为住宅建筑和公共建筑(包括办公建筑、商场和宾馆等)。其中对住宅建筑,原则上以住区为对象,也可以单栋住宅为对象进行评价,对公共建筑则以单体建筑为对象进行评价。

《绿色建筑评价标准》明确提出了绿色建筑"四节一环保"的概念,提出发展"节能省地型住宅和公共建筑",评价指标体系包括以下 6 大指标:①节地与室外环境;②节能与能源利用;③节水与水资源利用;④节材与材料资源利用;⑤室内环境质量;⑥运营管理(住宅建筑)。各大指标中的具体指标分为控制项、一般项和优选项 3 类。这 6 大类指标涵盖了绿色建筑的基本要素,包含了建筑物全寿命周期内的规划设计、施工、运营管理及回收各阶段的评定指标及其子系统。在评价一个建筑是否为绿色建筑的时候,首要条件是该建筑应全部满足标准中有关住宅建筑或公共建筑中控制项的要求,满足控制项要求后,再按照满足一般项数和优选项数的程度进行评分,从而将绿色建筑划分为 3 个等级,如表 2-1 所示。

表 2-1 绿色建筑 3 个等级

等级	一般项数(共 40 项)						有选项数（共9项）
	节地与室外环境（共 8 项）	节能与能源利用（共 6 项）	节水与水资源利用（共 6 项）	节材与材料资源利用（共 7 项）	室内环境质量（共 6 项）	运营管理（共 7 项）	
一星	4	2	3	3	2	4	—
二星	5	3	4	4	3	5	3
三星	6	4	5	5	4	6	5

为了更好地推广《绿色建筑评价标准》，同时为评价标准做出更明确而详细的解说，由建设部科技司委托，建设部科技发展促进中心和依柯尔绿色建筑研究中心组织编写了《绿色建筑评价技术细则》。

到目前为止，住房和城乡建设部已经先后组织开展了两批绿色建筑设计标志的评价工作，经过严格的项目评审及公示，共有 10 个项目获得"绿色建筑设计评价标志"，其中三星级项目 4 项，二星级项目 2 项，一星级项目 4 项。上述项目的评选是对我国自主制订的《绿色建筑评价标准》的首次贯彻实施，为社会各界提供了了解绿色建筑的现实教材，对绿色建筑在全社会的推广具有重大意义。同时，2009 年度第一批绿色建筑评价标志项目的评价工作，是第一次针对投入使用一年后的建筑开展的标志评价。

截至 2015 年 12 月，住建部发布的绿色建筑评价标志项目公告全国绿色建筑标识项目累计总数已有 3 636 项，其中 2015 年新增 1 098 项，按单个项目平均 5 万平方米计算，全国绿色建筑累计为 5.5 亿平方米，2013 年，认证的绿色建筑总面积首超 1 亿平方米，绿色建筑已经成为建筑领域的重要组成部分，但尚未处于主导地位。

（二）我国香港地区绿色建筑基本情况及评价标准

1.我国香港地区绿色建筑基本情况

我国香港地区较早开始了生态环保意识的宣传和生态环保保护实践活动。1968 年成立了非政府民间性环保组织香港长春社，积极倡导可持续发展理念，致力于保护自然、保护环境和文化遗产，提升当代和未来的社会生

第二章 绿色建筑发展研究与评估体系分析

活品质,确保香港履行其对地区乃至世界的生态环境责任,主张合适的生态环境政策,监察政府的生态环境工作,推动生态环境教育,带头实践并促使公众参与生态环境保护,为香港地区绿色建筑的发展拉开了序幕。

香港地区现代意义上的绿色建筑发展大致始于 20 世纪 80 年代,基本上经历了两个阶段:1980—1995 年为绿色建筑的研究探索阶段;1996 年至今为绿色建筑的规范发展阶段。

(1)研究探索

香港大学于 1980 年成立了城市规划及环境管理研究中心,提供城市规划及相关范畴的研究院课程,并广泛进行香港和珠三角地区的可持续发展问题研究。这标志着我国香港地区的绿色建筑开始了研究探索阶段。

1983 年,香港慈善团体地球之友成立,旨在提高公民的环保意识、监察环保工程及推动香港的可持续发展,通过教育、研究和各种活动,达到保护和改善香港地区环境的目的。

1989 年,香港非营利性私营机构关注环境委员会(Private Sector Committee on the Environment)成立,其整体目标是在香港商界推动和改善可持续发展进程,促进香港社会各界人士保护环境,推动香港地区的可持续发展。随后,设立了香港环境技术中心(Centre for Environmental Technology,CET),由有经验的各大企业,向香港其他企业机构提供改善环境的咨询和信息,并于 1992 年举办了首届年度香港工业奖(2005 年与香港服务业奖合并改为香港工商业奖),亦称环保成就奖,以表彰环保成就卓著的香港地区生产商,同时开始对各行各业组织机构在遵守环保法规、实施环境管理体系、采取污染防御措施、改善能源效益和善用资源等方面的行为进行评审,至今已评审了 100 多家,还每年举办一次香港工商环保会议,汇集香港及国际上的环保专家,就环保议题发表意见、交流经验和商讨有关解决方案。1995 年起,开展了香港环保标章(Eco-Labelling)生命周期分析;并着手进行适于香港地区的"香港建筑环境评估法"体系研究。

(2)规范发展

1996 年由香港环境技术中心和香港理工大学等单位参加,在英国"建筑研究所环境评估法"(Building Research Establishment Environment Assessment Method,BREEAM 体系)的基础上,制订了适合于香港地区的"香港建筑环境评估法"(Hong Kong Building Environment Assessment Method,HK-BEAM 体系),作为香港地区绿色建筑标志评价的依据,并指导建筑的绿色化设计与改善。这标志着我国香港地区的绿色建筑进入了规范发展阶段。十几年来,香港地区已有约 150 个各种建设项目(建筑总面积约 700 万平方米)进行了 HK-BEAM 体系的绿色建筑标志评价论证。HK-

BEAM 体系后来经过 1999 年修订、升级和更新，2003 年又做了调整试行，2004 年定稿为现行版本。HK-BEAM 体系是目前世界上使用最广泛的绿色建筑评价标准之一。

这一时期，香港开设了建筑物能源效益奖、环保产品奖（Hong Kong Eco-Products Award）、环保企业奖和"环保建筑大奖"（GBA），推出了《建筑物能源效益守则》，设立了香港可持续发展论坛，每年举办 4 次大型国际环保会议（Enviro Series），成立了商界环保协会（Business Environment Council，BEC）、独立的公共政策制订组织——思汇政策研究所、特区政府持续发展组、环保建筑协会（The HK-BEAM Society）、环保建筑专业议会（The Professional Green Building Council，PGBC）、"可持续发展建筑资源中心、特区政府可持续发展委员会、可持续发展公民议会、香港可持续传讯协会和室内空气质素服务中心（LAQ Solution Centre），并计划成立"香港绿色建筑协会"（Hong Kong Green Building Council，HKGBC）。2008 年起，由特区政府环境局和发展局负责，对未来所有的政府建筑工程和基建项目，都必须进行绿色建筑标志评价认证，取得香港建筑物环境评估金级以上的认证证书。特区政府对添马舰工程项目所定的目标是必须达到"建筑环境评估法"HK-BEAM 体系中最高的铂金级水准。

经过多年的绿色建筑发展实践，香港积累了丰富的绿色建筑经验，第一是要有各级领导的重视和支持，第二是要有各方的明确分工和职责，第三是要有切实可行的客观指标，第四是要有对可持续发展战略信念的执着坚守，第五是要有各个阶段的大众协作和积极参与。如今，以人为本、实而不华、安宁和谐、节能减排、建筑热环境、微气候、自然通风采光和可持续发展等绿色建筑理念深入人心，所有相关人士都积极参与，共同推动建筑物绿色化程度的改善。

由香港环保建筑专业会议提出的香港首个将军澳堆填区零碳小区建设方案正在进行广泛的讨论和研究论证。香港的绿色建筑正在由绿色建筑单体向绿色建筑小区和绿色建筑城市的方向发展。

2. 我国香港地区绿色建筑评价标准

（1）HK-BEAM 体系简介

HK-BEAM（《香港建筑环境评估标准》）是在借鉴英国 BREEAM 体系主要框架的基础上，由香港理工大学于 1996 年制订的。目前，HK-BEAM 的拥有者和操作者均为香港环保建筑协会。

HK-BEAM 体系所涉及的评估内容包括两大方面：一是"新修建筑物"；二是"现有建筑物"。环境影响层次分为"全球"、"局部"和"室内"三种。

第二章　绿色建筑发展研究与评估体系分析

同时,为了适应香港地区现有的规划设计规范、施工建设和试运行规范、能源标签和 IAQ 认证等,HK-BEAM 包括了一系列有关建筑物规划、设计、建设、管理、运行和维护等的措施,保证与地方规范、标准和实施条例一致。

HK-BEAM(香港建筑环境评估法)意在"为建筑物用户提供一个能说明建筑物综合素质的唯一性能标签,无论是新建的建筑物、翻修的建筑物或者正在使用的建筑物。经本评估法评估的建筑物将比未取得规定性能水平的同类建筑物更加安全、健康、舒适、功能更全、节能效率更高"。该评估法是:①香港地区首个对建筑物性能进行评估、完善、认证和标签的标准;②涵盖了包括综合用途建筑物在内的全部建筑物类型的全面标准和支持技术;③作为一种与标准建筑物比较及提高性能的方法;④业内合作创建并共同遵守的自愿计划,目标是将其完善,最终成为世界领先计划;⑤作为保证工作和生活环境更健康、更节能、更环保及得以持续发展的动力和方法;⑥提升香港的建筑质量;⑦刺激对可持续建筑物的需求,对完善的性能给予认可,减少无根据的认证资格;⑧提供一套开发商和业主可以操作的全面完整性能标准;⑨减少建筑物整个使用寿命期内对环境造成的影响;⑩保证在最初阶段已进行对环境综合性考虑,避免以后的补救。

(2) HK-BEAM 发展历程与体系构建

1) 发展历程

HK-BEAM 于 1996 年诞生后,在 1999 年,"办公建筑物"版本经小范围修订和升级后再次颁布,与之同时颁布的还有用于高层住宅类建筑物的一部全新的评估办法。2003 年,香港环保建筑协会发行了 HK-BEAM 的试用版 4/03 和 5/03,再经过进一步研究和发展以及大范围修订,在试用版的基础上修订而成 4/04 和 5/04 版本。除扩大了可评估建筑物的范围之外,这两个版本还扩大了评估内容的覆盖面,将那些认为是对建筑质量和可持续性进一步定义的额外问题纳入评估内容中。目前,HK-BEAM 的最新实施版本即是香港建筑环境评估法 4/04"新修建筑物"和香港建筑环境评估法 5/04"现有建筑物"。

2) HK-BEAM 基本体系

HK-BEAM 建立的目的在于为建筑业及房地产业中的全部利益相关者提供具有地域性和权威性的建设指南,采用适合的措施,降低对能源的消耗,减少建筑物对环境可能造成的负面效应,与此同时提供高质量的室内环境。HK-BEAM 采取自愿评估的方式,进而评估建筑物的各项性能,并颁发证书以认证。

HK-BEAM 就有关建筑物规划、设计、建设、试运行、管理、运营和维护等一系列持续性问题制订了一套性能标准。满足标准或规定的性能标准即可获得分数。如表2-1所示。针对未达标部分,则由指南部分告之如何改进。最终将得分汇总以得出其整体的性能。根据获得的分数可以得到相应分数的百分数(%)。出于对室内环境质量重要性的考虑,在进行整体等级评定时,有必要取得室内环境质量得分的最低百分比。

表 2-1 HK-BEAM 评分等级

	整体	室内环境质量等级
铂金级	75%	65%(极好)
金级	65%	55%(很好)
银级	55%	50%(好)
铜级	40%	45%(中等偏上)

(3) HK-BEAM 的特点

1) 动态评估的理念

由于绿色建筑的内涵和组成部分还处在不断更新发展阶段,还有许多内容需要进一步完善,因此 HK-BEAM 采取动态评估的理念,对可能产生的变化做出反应,定期采取变更和版本升级的措施。同时,在实际应用的项目中获取反馈意见,收集相关利益者的使用状况,对评估体系做出相应的改善。作为 HK-BEAM 的制订者和实施者,香港环保建筑协会每年对该评估条例的文件进行修订。当文件的修订内容影响到评估标准打分原则的变更时,这些修订的评估标准将发送到接受评估的各个利益方,并在协会网站上予以公布。

2) 灵活性与信息透明化

HK-BEAM 的评估标准涵盖了大多数的建筑物类型,并根据建筑物的规模、位置及使用用途的不同而有所不同。对于评估体系中未提及的建筑,如工业建筑等,也可在适当条件下用该体系进行评估。同时,评估标准和评估方法具有一定的灵活性,并允许用可选方式来判断是否符合标准,可选方式则由香港环保建筑协会在无不当争议条件下达成决议。HK-BEAM 亦将透明度纳入评估体系,将评估和等级评定中的基线(基准点)、数据、条件和问题的细节完全公开。

(4) HK-BEAM 体系的实践与推广

目前,主要由香港环保建筑协会负责执行 HK-BEAM。香港有近九成耗电量用于建筑营运。HK-BEAM 已在香港推行多年,以人均计算,就评估的建筑物和建筑面积而言,HK-BEAM 在世界范围内都处于领先地位。

已完成的评估方案主要包括带空调设备的商业建筑物和高层住宅建筑物。在建筑物环境影响知识的普及中,香港环保建筑协会也在积极宣传"绿色和可持续建筑物"的理念,同时,为了积极配合宣传,香港政府提出以政府部门为范例,规定新建政府建筑物都必须向 HK-BEAM 进行申请认证,希望以评级制度推动环保建筑的发展。

(三)中国台湾地区绿色建筑基本情况及评价标准

1. 中国台湾地区绿色建筑基本情况

绿色建筑在中国台湾地区简称为绿建筑。中国台湾地区的绿建筑发展大致经历了3个阶段:1970—1989年为研究起步阶段;1990—2003年为政策引导阶段;2004年至今为法制化发展阶段。

(1)研究起步

1970—1989年,中国台湾地区的绿色建筑主要处于研究起步阶段。随着20世纪70年代两次世界能源危机的发生和中国台湾地区能源形势的日益严峻,在当地政府和学者的共同努力下,中国台湾地区推出了《建筑设计省能对策》,并研究制订了《建筑技术规则建筑节约能源规范草案》,1975年后,中国台湾大学等相继成立了建筑与城乡研究所,开启了绿色建筑的研究起步阶段。进入20世纪80年代后,中国台湾地区先后成立了能源委员会和能源与矿业研究所,对建筑节能进行统一管理和研究。

(2)政策引导

从1990年起,中国台湾地区开始了"建筑节约能源优良作品的评选及奖励活动",由此进入了绿色建筑的政策引导阶段。至2003年的十余年间,中国台湾地区先后研究制订了科学定量化的建筑节能(ENVLOAD)规定和适合热湿气候地区典型的"绿建筑评估系统",成立了"永续发展委员会"和"绿建筑委员会",组建了绿建筑研究机构,推行了绿建筑标章制度、"绿建筑评估系统"(Ecology-Energy Saving-Waste Reduction & Health, EE-WH)以及《绿建筑解说与评估手册》和"绿建筑推动方案",开展了大规模的"绿色建筑改造运动"和"优良绿建筑设计作品评选"活动,对中国台湾地区的绿色建筑发展产生了深远的影响,受到国际业界的广泛关注。

(3)法制化发展

从2004年起,绿建筑被正式纳入中国台湾地区建筑设计规则之中,绿建筑的发展进入了法制化发展阶段,驶入了快车道。此后,中国台湾地区每年定期举办绿建筑博览会,推出了"绿建材标章制度",成立了"中国台湾地区绿建筑发展协会"(TGBC),形成了以绿建筑评估体系、绿建筑标章制度、绿建材标章制度和绿建筑设计奖励金制度等为基本构架的绿建筑机制，2007年，美国绿色建筑协会年会以"中国台湾走向绿色"为主题，对中国台湾地区的绿建筑发展成果进行了全面的宣传报道，表明中国台湾地区绿色建筑在全球范围内已处于领先水平。

绿色建筑的认知和理念已经融入中国台湾地区的中小学教材，大专院校开设了60多门绿色建筑的有关课程，相关高科技先进企业结成了绿色建筑企业联盟，绿色建筑所培植出的生态文明和可持续发展的幼芽受到全岛民众的精心呵护与浇灌。

2008年中国台湾地区核定实施了"生态城市绿建筑推动实施方案"。截至2008年年底，共有1953项建筑获得了绿建筑标章或证书，涌现了大批优秀的绿建筑项目，取得了巨大的经济效益、社会效益和环境效益。

2. 中国台湾地区绿色建筑评价标准

(1) 绿色建筑标章评估体系概述

中国台湾地区的绿色建筑研究开展较早，于1979年出版了《建筑设计省能对策》一书，开创了建筑省能研究的里程碑。从1997年起，由内政行政部门所属的建筑研究所组织中国台湾地区相关领域的专家推动绿建筑与居住环境科技计划，从而奠定了适应中国台湾亚热带气候的绿建筑研究基础。1998年，建筑研究所提出了本土化的绿建筑评估体系，包括基地绿化、基地保水、水资源、日常节能、二氧化碳减量、废弃物减量及垃圾污水改善7项评估指标为主要内容，并于1999年9月开始进行绿建筑标章的评选与认证。

2002年建筑研究所在现有的7项评估指标上又新增了生物多样性与室内环境指针，形成了9项评估指针系统，同时将中国台湾绿建筑定义为"生态、节能、减废、健康"。2005年建立了分级评估制度，意在促使绿建筑评估的推广，经过评估的项目将依其优劣程度，分为钻石级、黄金级、银级、铜级与合格级。

(2) 总体内容与结构

中国台湾地区的绿建筑标章评估体系分为"生态、节能、减废、健康"4大项指针群，包含生物多样性指针、绿化量指针、基地保水指针、日常节能指针、二氧化碳减量指针、废弃物减量指针、室内环境指针、水资源指针和污水垃圾改善指针9项指针。

评估选定的原则为：①确实反映资材、能源、水、土地、气候等地球环保要素；②有科学量化计算的标准，未能量化的指针暂不纳入评估；③指针项目不可太多，性质相近的指针尽量合并成一指针；④平易近人，并与生活体验相近；⑤暂不涉及社会人文方面的价值评估；⑥必须适用于中国台湾的亚热带气候;⑦能应用于社区或建筑群整体的评估;⑧可作为设计阶段前的事前评估,以达到预测控制的目的。

(3)执行与操作

通过绿建筑标章制度评估的建筑物,根据其生命周期中的设计阶段和施工完成后的使用阶段可分为绿建筑候选证书及绿建筑标章两种。取得使用执照的建筑物,并合乎绿建筑评估指针标准的颁授绿建筑标章。尚未完工但规划设计合乎绿建筑评估指针标准的新建建筑颁授候选绿建筑证书。证书的审查和颁授由建筑研究所委托财团法人(中华建筑中心)办理。

在1999年绿建筑标章制度实施的初期,并不强制要求每个申请案件均能通过7项指标评估,但规定至少要符合日常节能和水资源两项门槛指针基准值,达到省水、省电及低污染的目标即可通过评定。至2003年,评估体系扩大到9项指针,评估的门槛也相应提高,除必须符合日常节能及水资源两项门槛指针外,还需符合两项自选指针。2016年,绿建筑标章制度体系更加细致,包括:节地与室外环境(土地利用、室外环境、交通设施、公共服务、场地设计和场地生态)、节能与能源利用(建筑与围护结构、供暖通风与空调、照明与电器和能源的综合利用)、节水与水资源利用(节水系统、节水器具与设备和非传统水源利用)、节材与材料资源利用(节材设计与材料选用)以及室内环境质量、技术管理、提高与创新等指针。

根据评估的目的和使用者的不同,绿建筑标章评估过程可分为规划评估、设计评估和奖励评估3个阶段。①阶段一:规划评估,又称简易查核评估,主要作用是为开发者和规划设计人员所开设的绿建筑策略解说与简易查核法,提供设计前的投资策略和设计对策规划;②阶段二:设计评估,又称设计实务评估,主要作用是为建筑设计从业人员在进行细部设计时提供评估依据,并对设计方案进行反馈和检讨;③阶段三:奖励评估,又称推广应用评估,主要作用是为政府、开发业者和建筑设计者提供专业的酬金、容积率、财税和融资等奖励政策的依据。

二、国外绿色建筑基本情况及评价标准

(一)英国绿色建筑基本情况及评价标准

1.英国绿色建筑基本情况

绿色建筑的萌动始于生态、环境和能源问题。英国作为工业革命的发源地,率先进入蒸汽时代,社会生产力得到了空前的发展,一举成为世界工厂。到 1840 年前后,经过大约百年的发展,英国成为世界上第一个工业化国家。然而,自由放任式的工业化过程如同一把双刃剑,在给英国带来经济繁荣与社会发展的同时,也带来了生态恶化和环境污染的沉重问题,人们的居住环境日渐恶劣,河流的污染日益严重,大气的污染趋于严峻,以至于英国伦敦有"雾都"和"死亡之都"的别称。也正因为如此,英国成为世界上环保立法最早的国家之一。1947 年,以《都市改善法》为标志,英国的国家环保法开始形成。1974 年的《污染控制法》标志着英国环境保护的基本法律体系架构已经建立。又经 1990 年的修改,英国的环境保护法律由以污染治理为主转为以污染预防为主,其环保状况得到进一步的改善。

在这样的时代背景下,为了提倡和推动绿色建筑的实践和发展,英国"建筑研究所"(Building Research Establishment,BRE)于 1990 年率先制订了世界上第一个绿色建筑评估体系"建筑研究所环境评估法"(Building Research Establishment Environmental Assessment Method BREEAM),后几经完善,不仅对英国乃至世界的绿色建筑实践和发展都产生了十分积极的影响,还被荷兰等国或地区直接或参考引用,比如著名的绿色建筑——荷兰 Delft 大学图书馆。

2007 年英国成立了"英国绿色建筑委员会"(The UK Green Building Council,UKGBC)。2009 年,英国联手美国和澳大利亚,联合创立一个国际性的绿色建筑评估体系标准,用一个声音说话,使绿色建筑在塑造未来低碳发展方面发挥更加重要的作用。

目前,英国正在积极引导 2500 万英国家庭成为更加环保节能的"绿色家庭",以确保到 2050 年实现减少英国全国 80% 碳排放的目标,并规定所有自 2016 年开始建造的房屋都必须达到"零碳排放"的标准。

2.英国绿色建筑评价标准

(1)BREEAM 体系——历史最悠久的绿色建筑评价体系

1990 年,英国建筑研究组织(Building Research Establishment,BRE)提出了"建筑研究所环境评估法"(Building Research Establishment Enviromental Assessment Method,BREEAM)。当时提出的主要是针对新建办公建筑的评价标准,后又陆续推出了"住家"、"超级市场和超级商店"和"工业单位"等分册,1998 年之后又推出了针对不同类型的现有建筑进行绿色评价的分册。BREEAM 体系是当今世界上诞生最早、历史最为悠久和最有影响力的绿色建筑评价体系。

第二章 绿色建筑发展研究与评估体系分析

(2)BREEAM体系概述

作为世界上最早使用和推广的绿色建筑评价体系,BREEAM最初建立的目的是为了提高办公建筑的使用功能和效率,减少对环境的污染和损害。该体系建立之初的版本仅有11项评估条款,伴随英国建筑技术的提高以及相关法律法规的不断完善,在发展的十几年中,BREEAM每年都会更新,增加新的内容。可以说,BREEAM的发展就是英国近年来绿色建筑发展的缩影。据有关资料显示,现今英国已有超过600栋建筑通过了该体系的认证,同时BREEAM也对英国市场上超过25%的新建办公建筑进行了评估认证。BREEAM的影响力不仅仅局限于英国国内,在加拿大、澳大利亚、中国香港和韩国等都有以之为蓝本开发的绿色建筑评价体系,在世界范围内都称得上影响深远。

1)评价内容

从1990年建立至今,BREEAM体系经过数次修改与完善,形成了现今较为简单明了的完整框架体系。BREEAM体系的评估内容包括4个主要方面:全球问题、地区问题、室内问题和管理问题。该体系的主要目的是鼓励设计者对环境问题更加重视;同时引导"对环境更加友好"的建筑需求,刺激环保建筑的市场推广;提高对环境有重大影响的建筑的认识,减少环境负担;改善室内环境,保障使用者的健康。

目前投入运行的BREEAM版本从9大方面进行综合评价,分别为管理(Management)、身心健康(Health & Wellbeing)、能源使用(Energy Use)、交通(Transport)、水(Water)、材料(Material)、土地使用(Land Use)、生态(Ecology)和污染(Pollution)。而在评估项目的权重设计上,能源利用方面最受重视,占到了体系总比重的25%。

BREEAM评价体系的主要内容:①全球问题。能源节约和排放控制,臭氧层减少措施,酸雨控制措施,材料再循环/使用;②地区问题。节水措施,节能交通,微生物污染预防措施;③室内问题。室内空气质量管理,有害材料管理和预防,氡元素管理;④管理问题。环境政策和采购政策,能源管理,环境管理,房屋管理,健康房屋管理。

2)评价对象

现在,BREEAM的评价对象不再局限于最初的新建办公楼,而是涉及新建或翻新办公建筑、现存运营办公建筑、现存尚未运营办公建筑和新建工业单元建筑、新建独立式住宅和公寓建筑、零售商业建筑和学校建筑等,每种类型都单独成册,提供专属的评价标准。对没有独立分册的建筑评价则可申请特殊类BREEAM(besPoke BREEAM),为特殊类型的建筑量身订制专项评价体系。

3)评价方法

在评估之前,建议在设计开始的阶段即考虑BREEAM的评估条款。评估流程:首先,根据项目所处阶段的不同给予相应的评价内容并计算BREEAM等级和环境性能指数。评价的内容包括设计和实施、建筑核心性能及运行和管理3个方面。根据评价内容的9大方面的若干子条目,对应各自不同的得分点,分别从设计和实施、建筑核心性能及运行和管理3个方面对建筑进行评价,满足要求即可获得相应的分数。最后合计建筑核心性能方面的得分点,计算得出建筑核心性能分数(BPS),合计设计和实施、运行和管理两大项各自的总分,计算BPS+设计和实施分或BPS+运行和管理分,得出BREEAM等级的总分数,再根据换算表由BPS值换算出建筑的环境性能指数(EPI)。最后,建筑的环境性能以直观的量化分数给出,BREEAM规定了评价结果的4个等级:通过(25)、良好(40)、优良(55)、优异(70),同时对每个等级下设计和实施、运行和管理的最低限分值作出了规定。

(3)局限与不足

BREEAM评估体系在世界范围内对绿色建筑评估的推动作用是开创性的,在其推广应用过程中所取得的一系列成就也成为世界绿色建筑发展的重要成果之一。但也有学者认为,BREEAM体系对现有建筑(Existing Building)的评估和认证始终没有得到很好的推广。从研究资料收集的过程上看,较难取得第一手的体系发展历史、评价表格、运营状况和通过认证的项目等资料。由于当前BREEAM仅对通过认证的机构或个人进行开放,评估体系的开放性和透明度需进一步加强。

(二)美国绿色建筑基本情况及评价标准

1. 美国绿色建筑基本情况

美国的绿色建筑发展始于20世纪60年代,大致经历了4个阶段:20世纪60年代为绿色建筑的萌芽阶段;20世纪70和80年代为绿色建筑的探索阶段;20世纪90年代为绿色建筑的形成阶段;21世纪以来为绿色建筑的迅速发展阶段。

(1)萌芽阶段

20世纪60年代,随着世界环保运动的兴起,从对环境的关注开始,美国的绿色建筑进入了萌芽阶段,绿色建筑运动开始萌动。

以1962年美国人蕾切尔·卡逊(Rachel Carson)出版的《沉寂的春天》(*Silent Spring*)为发端的环保运动对人类的生态环境意识和可持续发展意

识产生了持续不断的影响。此后,美国成立了"美国环保协会"(Environmental Defense),颁布了《国家环境政策法》(NEPA)。1969年,美国提出了"生态建筑"的概念,绿色建筑的初期理念开始形成。

(2)探索阶段

进入20世纪70年代后,美国制订了许多至今仍在起作用的划时代的环境法规,开始领跑世界环境保护。同时进行了绿色建筑理念和知识体系的探索,成立了美国环保局,促成了1972年联合国第一次人类环境会议的召开。由此,每年的4月22日被定为"世界地球日"。

随后,美国相继颁布了大气清洁法(Clean Air Act),水清洁法(Clean Water Act)和安全饮用水法(Safe Drink Water Act),对全球环保运动的兴起起到了积极的促进作用,促成1986年21国签署了《关于保护臭氧层的维也纳公约》,1987年24国签署了《关于消耗臭氧层物质(ODS)的蒙特利尔议定书》,到2002年11月议定书第十四次缔约方大会已有142个缔约方的代表及一些国际组织和非政府组织观察员与会,包括40多个国家派出的部长级代表和由我国国家环保总局、外交部、农业部和财政部组成的中国代表团。全球对环境和气候的重视程度可见一斑。在2002年联合国可持续发展问题世界首脑会议(WSSD)上,进一步明确了实施《蒙特利尔议定书》的时间表。

(3)形成阶段

20世纪90年代,美国的绿色建筑进入形成阶段,绿色建筑的组织、理论和实践都得到了一定的发展,形成了良好的绿色建筑发展的社会氛围。这一时期,成立了美国绿色建筑协会(USGBC),发布了绿色建筑评价标准体系(Leadership in Energy and Environmental Design LEED),至1999年,其会员发展到近300个,2000年前夕,在美国成立了世界绿色建筑协会(World Green Building Council,World GBC/WGBC)。

(4)迅速发展阶段

进入21世纪后,美国的绿色建筑步入了一个迅速发展阶段。绿色建筑的组织、理论、实践和社会参与程度都呈现了空前的局面,取得了骄人的业绩。到2009年6月,美国绿色建筑协会(USGBC)会员已经突破了20 000个。

2002年起,美国每年举行一次绿色建筑国际博览会,目前已经成为全球规模最大的绿色建筑国际博览会之一。

2009年,LEED 3.0版推出。全美50个州和全球90多个国家或地区已有35 000多个项目,超过4.5亿平方米建筑面积,通过了LEED认证,比如,通过了LEED认证的美国俄勒冈州波特兰市的波特兰中心剧场(Portland Center Stage)的新家格丁剧院和我国的北京奥运村。

2009年1月25日,美国新政府在白宫最新发布的《经济振兴计划进度报告》中强调,近年内要对200万所美国住宅和75%的联邦建筑物进行翻新,提高其节能水平。这说明在深受金融危机之苦,待经济恢复重建之际,正值美国面临千头万绪时,美国新政府毅然将绿色建筑之产业变革作为美国经济振兴的重心之一,表明美国政府对走绿色建筑之路,再造美国辉煌的决心和信心。同年4月,建于1931年的美国纽约地标性建筑——帝国大厦斥资5亿美元进行翻新和绿色化改造。经过节能改造后,帝国大厦的能耗将降低38%,每年将减少440万美元的能源开支。帝国大厦的率先垂范无疑会为全社会的绿色化改造提供可资借鉴的样本。目前,美国的绿色建筑当之无愧地处于世界的领先地位。其市场化运作和全社会参与机制等成功经验值得我们分析和借鉴。

2017年美国绿色建筑展Green Build和波士顿建材展ABX于2017年11月8—9日同时同地在波士顿会议展览中心联合举办,吸引1000多家展商和2.5万名专业观展商的规模成为美国大的建材展之一。

随着消费者对绿色建筑材料的需求增加和政府的节能政策法规推动,绿色建筑材料大的吸引力是节能。在非可再生能源储量不断降低,能源价格长期看涨的预期下,美国地区的消费更偏好选择绿色建筑材料,以降低建筑的使用成本。从更深层次来说,环保意识的增强也是消费者选择排放更少温室气体的绿色建筑材料的重要原因。消费者对绿色的青睐推动了美国建筑保温材料市场的扩大。商用地产对绿色建材需求也不断增长。

美国经济全面复苏且稳定上升,新房和二手房交易数量明显上升,美国居民拥有自主产权房屋的比例很高,人们也愿意花更多的钱去装修、升级自己的房屋。

2. 美国绿色建筑评价标准

1995年美国绿色建筑委员会(USGBC)起草了一个绿色建筑分级评估体系,即能源及环境设计先导计划评定系统(Leadership in Energy and Environmental Design,LEED)的绿色建筑分级评估体系,是对美国现有建筑进行生态评估的一套评估体系,被美国48个州和国际上7个国家所采用。其目的在于通过改革全国性的认证标准,预测未来建筑的发展方向,变更建筑行业的设计及操作方法,使设计师及建造者对环境保护和延续具有责任感,使人们增加对绿色建筑的理解和接受,最终提升人们的生活水平及质量。LEED经过四年的全民普及和论证,在1998年的美国绿色建筑委员会集体会议上,正式推出了LEED1.0的试验性版本,重点在于强调优越的环境和经济性能、高度运作的资源和能源利用率、健康舒适的室内工作环境、全生命周期的设计施工和运行维护管理和整合的设计团队共5个方面。2009年,LEED又推出了最新版本LEED V3。

LEED V3主要对各种建筑项目通过6个方面进行评估,分别为:可持续的场地设计、有效利用水资源、能源与环境、材料与资源、室内环境质量和革新设计。而且在每一方面美国绿色建筑委员会都提出了建筑目的和相关技术支持。如对可持续的场地设计,基本要求包括必须对建筑腐蚀物和沉淀物进行控制,目的在于减少这些腐蚀物及沉淀物对建筑本体及周边环境的负面影响。并且制订了量化标准,比如在每一方面都包含有若干个得分点,主要分布在建筑目的、要求和相关技术支持3项内容中,建筑项目再与每个得分点相匹配,得出相应的分值。如在保证建筑节能和大气这一方面,就包括基本建筑系统运行、能源最低特性及消除暖通空调设备使用氟利昂3个必要项和优化能源特性、再生资源利用等6个得分点,要保证建筑的绿色特性,首先必须满足3个必要项,然后再在诸个得分点中进行评定,如满足优化能源特性相关要求则可得10分,最后统计得出相关建筑项目的总分值,从而使建筑的绿色特性通过量化的分值显现出来。其中,合理的建筑选址约占总评分的20%,有效利用水资源占8%,能源与环境占25%,材料和资源占25%,室内环境质量占22%,根据最后得分的高低,建筑项目可分为LEED认证通过、银奖认证、金奖认证和铂金认证4个等级。

(1)LEED的分类

目前LEED认证标准都为2009年新制订的3.0版本,它分为以下9类。

1)LEED for New Construction(LEED NC)主要针对新建和大修项目。该评价体系主要用于设计高性能的商业和科研项目,侧重于办公类建筑。经过3次更新,已成为LEED系统主要的评价体系。由该标准衍生出的LEED for multiple building/campuses评价标准,适合于多栋建筑或建筑群类项目。

2)LEED for Existing Building(LEED EB)针对既有建筑的维修、营运及管理评估。该评价标准脱胎于LEED 3.0评价体系,主要用于完善LEED-NC,是评价建筑在设计、施工、运行的全寿命周期内整个评价体系的一部分,适用于初次提交LEED评定的建筑项目,也可用于已获得LEED-NC认定的建筑。是保证建筑在寿命期限内维持绿色经营,为业主和维修人员对建筑实现可持续营运、保护周边环境提供保障。

3)LEED for Commercial Interior(LEED CI)针对商业建筑室内环境的评估。该评价标准用于在个体用户和设计师不能操作整栋大楼的情况下,对建筑室内的可持续改造做出参考与评估。比如在建筑内部采取绿色材料有利于健康和提高工作效率，减少对环境的影响。具体评价标准包括以下几个方面：出租空间的选择、有效利用水资源、能源性能优化、照明控制、资源利用以及室内空气质量等。

4）LEED for Core & Shell(LEED CS)主要针对建筑主体和外壳由开发商、业主和租户共同协定确定的评估体系。主体和外壳主要包括：主体结构、围护结构和建筑系统，如空调系统等。该标准主要是明确标出开发商可以控制的部分，使业主和租户可以参与到绿色建筑的设计和建造过程中来，有利于未来用户的开发策略，是对LEED CI的补充和完善，有利于调动社会尽可能的力量促进绿色建筑理念的推广和实施。其中LEED CS可以进行预认证是该标准的一大特点，这样有利于开发商集结潜在的客户和资源。但预认证不是LEED认证。

5）LEED for School主要针对学校项目进行评估。该评价标准是建立在LEED NC的评价基础上的，专门针对中小学制订的评估标准，增加了与学校相关的建筑项目，包括教室声学、校园规划、教学环境及运动场地的评估。从2007年4月起，所有新建和大修的中小学校，不再参考LEED NC评价标准，而改用此评价标准。

6）LEED for Retail主要针对与商店有关建筑的评价标准。该评价标准由两个评价体系构成，一个是以LEED NC 2.0版为基础，主要针对新建建筑和大修建筑；另一个是以LEED CI 2.0版为基础，主要针对室内装修项目。该评价标准针对商店设计和施工的特点，阐述了在灯光、项目场地、安全、能源和用水等方面的注意事项和可替代方法。在LEED V3中又对其进行了进一步修改。

7）LEED for Retail Interior主要针对与商店有关建筑的室内环境评估。该评估标准建立在LEED for Retail和LEED CI的基础上，目前仍在制订中。

8）LEED for Existing Schools主要针对现存的学校项目进行评估。该评价标准是建立在LEED for school基础之上，专门针对现存中小学制订的评估标准。

9）LEED for Healthcare主要针对疗养院等相关建筑的评价标准。该标准以LEED NC为基础，针对疗养院的病人和医务人员的特点，进行技术指导。

其中在美国使用最多的为LEED NC，即新建筑的评估体系，它主要是对新建筑和楼房改造工程进行绿色建筑评估的体系，一般用于指导各种性能的商业和公共机构建筑的设计和施工过程。LEED NC得分点一般由以下 5 方面构成。

1) 可持续建筑场址(Sustainable Sites)。
2) 水资源利用效率(Water Efficiency)。
3) 能源和大气环境(Energy and Atmosphere)。
4) 材料和资源(Materials and Resources)。
5) 室内环境质量(Indoor Environmental Quality)。

但是以上 5 个方面较为硬性,在实际操作过程中通常会加入 1 个如"设计流程创新"得分,目的是鼓励创造,同时也弥补各硬性指标的不足与疏漏。

LEED NC 中有 7 个评估前提条件是任何一个参加评估的项目都必须满足的必要条件,也就是必选项,不满足 7 个必选项之中的任何一项,则该项目不可能通过 LEED 认证,而且这些必选项都是不计入得分的。得分的评估主要分布在以上 5 个方面,再加上 1 个附加得分项共有 69 分。

在一个项目的建造过程中,可以自己决定要采取哪些评估要点、建议和技术措施,但每一个 LEED 认证级别都会有相应的得分总要求。

(2) LEED 的分级

根据建筑项目的情况可以得出不同的分数,从而分属于不同的绿色建筑等级,在 LEED 中,主要划分为 4 个等级,分别为:①认证级:26~32 分;②银奖级:33~38 分;③金奖级:39~51 分;④铂金奖级:52~69 分。

从 4 个等级划分可以看出,只要分数在 26 分以上,该建筑项目就可以达到 LEED 的认可标准,依次向上,就可以拿到银奖级。对于建筑项目,金奖和铂金奖是一个非常高的门槛,很难有项目可以拿到,但是却给绿色建筑的发展提供了一个明确的方向和目标。

第三章 生态城市空间规划设计技术

第一节 城市生态空间体系规划的内涵解析

一、城市生态系统的概念

早在1925年,城市生态学的概念就已成型,美国芝加哥学派创始人帕克(R. E. Park,1864—1944)创建此学说的基本方式是社会调查和文献分析,通过系统地研究城市的集聚、分散、入侵、分隔以及演替过程,城市的竞争、共生现象和空间分布格局,社会结构和调控机理,进而在研究中形成整体城市思维。

基于学者的研究和学科侧重点的差异,对于城市生态系统的理解有着各自的见解。其中,基本的观点如下。

一是在城市生态系统中,主体是城市居民,环境是地域空间和各种设施,通过人类活动在自然生态系统基础上改造和营建的人工生态系统。

二是城市生态系统是城市居民与其周围环境组成的一种特殊的人工生态系统,是人们改造的自然—经济—社会复合体。《环境科学词典》对城市生态系统的概念做了较为全面的阐述,即城市生态系统指特定地域内的人口、资源和环境(包括生物的和物理的、社会的和经济的、政治的和文化的)通过各种相生相克的关系建立起来的人类聚居地或社会、经济和自然的复合体。

一直以来,对于城市生态系统的构成都没有达成一致,笼统地说,从社会学角度,城市生态系统由城市社会和城市空间组成;从环境学角度,城市生态系统分为生物系统和非生物系统。依据城市是人类聚集和生存的环境的观点,城市生态系统可分为城市人类和城市人类的生存环境两个子系统。

二、城市生态系统的空间构成要素

通常意义上,城市生态系统如图3-1所示。从空间及生态环境保护的角度,我们重点关注的是城市土壤、城市水体和城市植被等空间构成要素。

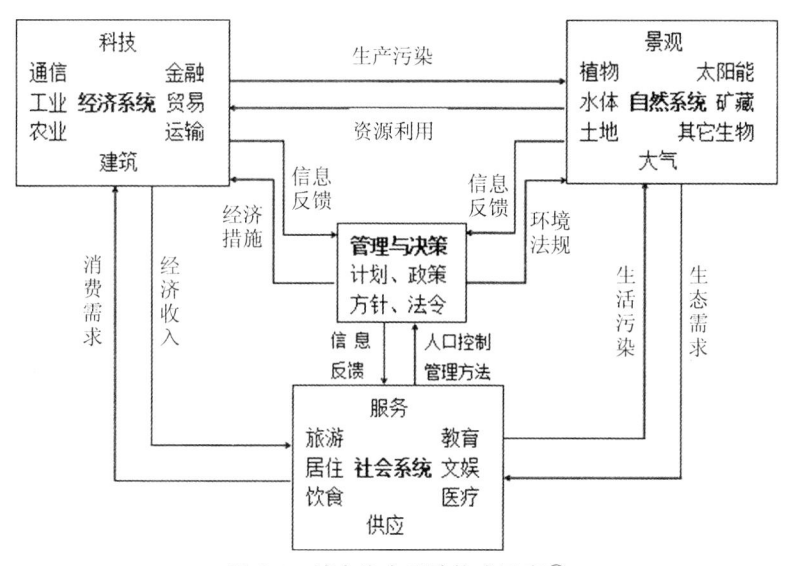

图 3-1 城市生态系统构成要素①

(一)城市土壤

土壤是地表的一层松散的矿物质,是陆地植物生长发育的基础。城市区域由于长期受各种人类活动的干扰,城市中的土壤与自然生态系统中的土壤有着较大差别。相较于农业土壤和自然土壤,城市土壤既继承了自然土壤的特征,又有其独特的成土环境和成土过程,表现出特殊的理化性质、养分循环过程以及土壤生物学特征。章家恩等(1997)认为:城市土壤是在原有自然土壤的基础上,处于长期城市地貌、气候、水文与污染的城市环境背景下,经过多次直接或间接的人为扰动或组装起来的具有高度时空变异性而现实利用价值较低的一类特殊的人为土壤。

城市土壤的特征表现在:混乱的土壤剖面结构和发育形态。城市建设中由于挖掘、搬运、堆积、混合与大量废弃物的填充,土壤结构和剖面发生层次上的混乱,土壤结构分异程度低、土层分异不连续、土层缺失以及土层倒

---

① 图片来源:http://vipftp.eku.cc/。

置;丰富的人为填充物。城市土壤中外来填充物丰富,如碎石、砖块、矿渣、钢铁和垃圾等;高度污染特征。人工污染物进入土壤,引起作物受害和减产,特别是城市工业污水灌溉农田,引起土壤重金属污染,导致城市近郊土壤污染,并对城市环境产生负面影响。

(二)城市水体

城市水环境是构成城市生态系统的基本要素之一,是人类社会赖以生存和发展的重要自然因素。城市所处地球表面的水体包括河流、湖泊、沼泽、水库、冰川、海洋的地表水及地下水,共同构成城市的水资源。

城市水体与水环境的特征主要表现在:淡水资源的有限性。任何一个城市的淡水资源总量都是有限的,它的总量受地表江河(过境径流量)和年间降雨量和降雨年内分布情况等两个方面的制约;城市水环境的系统性,城市地表水和地下水、江河和湖泊之间在水量上互补余缺、互相影响、相互制约而成为一个有机整体,如果地表水或地下水的一部分受到污染,整个城市水环境系统质量就会恶化;城市水体自净能力较差。虽然城市水体具有一定的自净能力或环境容量,但这种自净能力有一定限度,不同城市水体的自净能力与江河流量相关。

城市中的江河湖泊等水体,不仅作为城市的水源,还具有水运交通、改善气候、稀释雾水、排除雨水以及美化环境的功能。但城市建设也可能造成对原有水系的破坏,或者过量取水、排水,改变水道和断面而致使水文条件发生变化。由于不透水面层的增加、污染物的增加以及生物多样性的减少,许多城市的自然水域已经变成了城镇化的水域。城市日渐缺水的同时,城镇化建设也不可避免地造成城市水体的污染,如工业废水的排放、人类生活使用化学品的增加而产生的污水经由下水道进入江河水体。因此,城镇化、工业化程度较高的城市区域,对水体环境的特点和变化规律的研究非常重要。

(三)城市植被

一座城市中覆盖着所有植物的统称就是城市植被[①],当人们为了加快城镇化的建设,对于自然植被的保护观念已然所剩无几。一定程度上,现阶段的城市植被属于人工植被为主的一个特殊植被类群,主要依据就是,原生

---

① 城市植被包括城市范围内森林、灌丛、绿篱、花坛、草地、树木、作物等所有植物。

的自然植被和本土植物已被大面积地破坏,而为了城市的美化效果,引进了多种外来植物,从而形成新的植被类群,在此消彼长的过程中,城市植被完成了"换血"的过程。

城市植被的功能是多方面的,主要表现在城市植被能够调节城市气象和气候条件、净化环境、弱化噪音、保护生物多样性、维护生态平衡以及美化环境和丰富城市景观等。施蒂尔普纳格尔(Stulpmagel,1990)等研究了植被覆盖区域对城市气候的影响,他发现不仅在绿色覆盖区域温度会降低,在这个区域以外1.5km的范围内温度也会降低。这种对气候的影响会随着绿色区域面积的增加而加剧,但如果绿色区域被路面分开,这种改变气候的效果就会降低。

三、城市生态空间体系规划的内涵

(一)城市生态空间体系规划的概念

城市生态空间规划[①]的物质规划建立在生态空间要素基础上,其内容就是对各层次的生态物质空间建设的设想。现阶段,要满足人们逐步升高的居住环境要求,以及进一步加快城市建设,必须改善系列的生态和环境问题,如城市人口高度密集、水资源短缺、环境污染、温室效应、城市气候灾害和土地资源锐减等。在城市用地,尤其是特大城市用地中的重要影响因素就是环境和城市生活水平。所以,为了应对生态环境的危机,以及如何走出生态环境带来的困境,一定范围内,城市生态空间规划的提出,为我们指引了方向。城市生态空间体系规划主要研究生态因子空间载体的区位分布特征和组合规律,对各类生态空间因子进行系统性空间统筹布局,构建合理的城市生态空间结构,从空间结构体系上为生态系统的健康运行提供保障。城市生态空间体系规划的目的是从生态空间载体的分布及组合规律出发,分析其发展演变的规律,在此基础上确定人类在城市建设的同时,有效地保护和利用这些自然生态要素,促进社会经济和生态环境的协调发展,最终实现整个区域和城市的可持续发展。在规划方面,相比于一般的环境规划和生态规划,城市生态空间体系规划有着更强的能动性、协调性、整体性和层次性,其最终目标是实现社会的文明、经济的高效和生态环境的和谐。

---

① 城市生态空间规划是运用生态学原理,统筹城市的生态环境和自然环境,为构建和谐的城市生态系统提供空间载体。

(二)城市生态空间体系规划与其他规划的关联

1.与城市生态规划的关系

城市生态规划关注城市的自然生态和社会生态两方面,规划遵循生态学原理,对城市生态系统的各项开发和建设作出科学合理的决策,从而调控城市居民与城市环境的关系,实现城市经济、社会、资源和环境的协调发展,达到社会、经济和生态三个效益的统一。而城市生态空间体系规划强调的是城市自然生态因子的空间结构,通过统筹自然生态因子的空间分布,来构建适宜的城市生态环境。城市生态空间体系规划可以说是城市生态规划中重要的研究内容之一。

2.与城市规划的关系

城市规划重点强调的是规划区域内土地利用空间配置和城市各项物质要素的规划布局。城市生态空间体系规划的主体仍然是空间规划,是结合了生态理念,融入了生态规划方法的空间规划,它关注的重点是城市生态用地的空间形态和结构体系。城市生态空间体系规划的目标是城市总体规划的目标之一,并参与城市总体规划目标的综合平衡。城市生态空间体系规划可以作为城市规划范畴中的一个子项规划,是专门针对城市生态问题而进行的专项和对策性研究。

3.与环境规划的关系

环境规划是指为使环境和社会经济协调发展,把"社会—经济—环境"作为一个复合生态系统,依据社会经济规律、生态规划和地学原理,研究其发展变化趋势,从而对人类自身活动和环境所作的时间和空间的合理安排。环境规划由环境保护主管部门编制,它强化的是环境污染控制。城市生态空间体系规划多由城市规划部门编制,它更强调的是保障自然生态空间的分布,促进城市生态安全格局的形成。

第二节　近现代与生态城市有关的城市规划理论与实践

一、城市生态规划的内涵与目标

现代城市是一个多元、多介质和多层次的人工复合生态系统,各层次、各子系统之间和各生态要素之间关系错综复杂,城市生态规划坚持以整体优化、协调共生、趋适开拓、区域分异、生态平衡和可持续发展的基本原理为指导,以环境容量、自然资源承载能力和生态适宜度为依据,有助于生态功能合理分区和创造新的生态工程,其目的是改善城市生态环境质量,寻求最佳的城市生态位,不断地开拓和占领空余生态位,充分发挥生态系统的潜力,促进城市生态系统的良性循环,保持人与自然、人与环境关系的可持续发展和协调共生。

城市生态规划是与可持续发展概念相适应的一种规划方法,它将生态学的原理和城市总体规划、环境规划相结合,对城市生态系统的生态开发和生态建设提出合理的对策,从而达到正确处理人与自然、人与环境关系的目的。联合国《人与生物圈计划》报告集第 57 集报告指出:"生态城(乡)规划就是要从自然生态与社会心理两方面去创造一种能充分融合技术和自然的人类活动的最优环境,诱发人的创造精神和生产力,提供高的物质和文化生活水平。"因此,城市生态规划不同于传统的环境规划和经济规划,它是联系城市总体规划和环境规划及社会经济规划的桥梁,其科学内涵强调规划的能动性、协调性、整体性和层次性,其目标是追求社会的文明、经济的高效和生态环境的和谐。

二、城市生态规划的主要内容

(一)生态功能分区规划

城市生态功能分区是根据城市生态环境要素、生态环境敏感性与生态服务功能空间分异规律,将城市区域划分成不同生态功能区的过程,其目的是为制订城市生态环境保护与建设规划、维护区域生态安全以及资源合理利用与产业生产布局、保护区域生态环境提供科学依据,并为环境管理部门和决策部门提供管理信息与管理手段。

对照生态功能区划的方法,城市生态功能分区应该开展以下工作,即城市生态环境现状评价、生态环境敏感性评价、生态服务功能重要性评价、生态功能分区方案和各生态功能区概述等。

(二)人口容量规划

1.规划目的

确定近远期内的人口规模,提出区域人口密度调整意见,提高人口素质的对策。

2.规划内容

规划内容包括人口分布、人口密度、人口规模、年龄结构、文化素质、性别比、自然增长率、机械增长率和流动人口等。

(三)环境污染综合防治规划

1.前提

根据污染源和环境质量评价、预测结果准确掌握当地环境质量现状和发展趋势;针对主要的环境问题确定污染控制目标和生态建设目标。

2.具体内容

1)城市大气环境综合整治规划。
2)城市水环境综合整治规划。
3)城市固体废弃物综合整治规划。
4)城市声环境综合整治规划。

(四)资源利用与保护规划

根据国土规划和城市总体规划的要求,依据城市社会经济发展和环境保护目标,制订对水资源、土地资源、大气环境、生物资源和矿产资源的合理开发、利用与保护的规划。例如,开展水土流失治理规划,需考虑以下方面的内容。

1)上游水源涵养林和水土保持防护林建设规划。

2）禁止乱围垦,保护鱼类和其他水生生物的生存环境。

3）水源地、水生生态系统、防治水污染技术研究与推广。

4）调水与调蓄水利工程建设,恢复水生生态平衡。

5）健全水资源管理体制,完善相应政策、法规、生物多样性保护与自然保护区建设规划。

6）加强生物多样性的管理工作。

7）开展生物多样性保护的监测和信息系统建设。

三、生态规划的一般程序

生态规划主要包括制订生态规划目标、选择参加规划的专业及协作部门、收集和调查规划地区各要素的基本资料和图件(包括自然、社会、经济等方面)、生态评价和适宜度分析、编制单项规划及综合规划、公布规划并征求意见和确定规划方案等多个步骤,如图 3-2 所示。

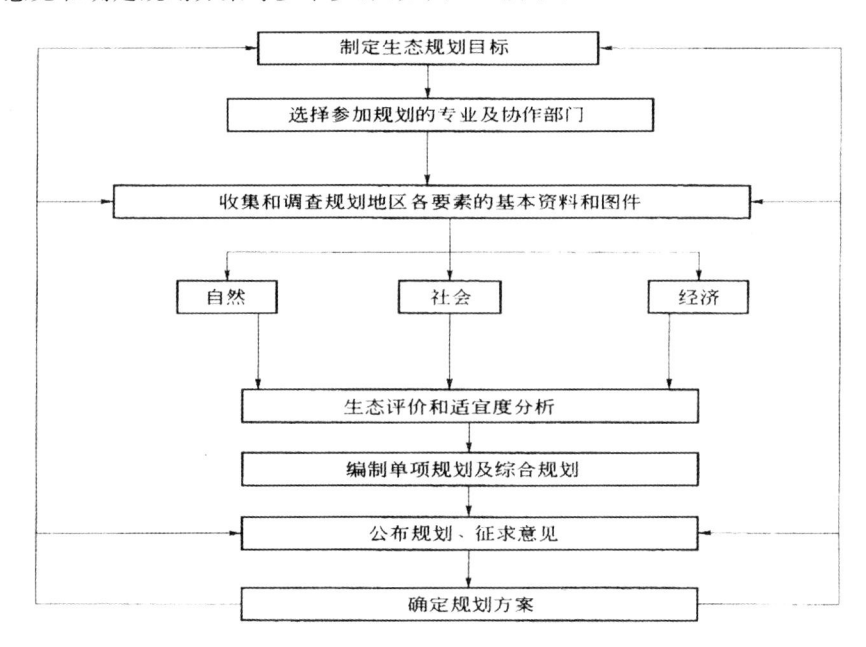

图 3-2 生态规划程序

其中编制单项规划及综合规划是生态规划的关键环节,是生态规划的正式阶段,主要是依据规划大纲设计的结构与思路开展。在该阶段,主要根据生态调查和生态评价的结果,按照生态规划报告编制的规范要求,制订规划方案。主要包括规划指导思想与规划原则的制订、规划目标与指标体系的建立、生态功能分区与空间布局、规划重点领域或专项规划方案的制订、规划方案的整合与规划图件的制作以及规划系列成果的汇编与集成等几方面的工作。

四、宜春市中心城生态系统保护规划案例分析

(一)规划区概况

宜春市位于江西省西部,地处东经 113°54′～115°27′,北纬 27°33′～29°06′。东与安义、新建、南昌、临川接壤,南与崇仁、乐安、峡江、新余、分宜、安福为临,西与萍乡和湖南相连,北与修水、武宁、永修交界。

宜春市中心城位于袁河上游。中心城范围东至枫树岭近袁河处,西至稠江入袁河口处,南邻榨山北麓,北接三阳镇南端,包括主城区 9 个街道、湖田乡、渥江乡两个乡镇全部行政管辖范围和三阳镇南部属宜春经济开发区管辖的地区,区域面积 313.3 km^2。

中心城地形由南向北,由西向东倾斜。全境以山地和丘陵为主,南部、西部和西南部为中低山区,中部、东部和北部多为丘陵区。袁河自西向东于境内中部流过,形成一块狭长的河谷平原。

宜春市中心城的主要水系是袁河水系。袁河为赣江水系西岸的一级支流,发源于罗霄山脉武功山,流向大致由西向东,流经萍乡、宜春、新余和樟树等县市,于樟树市注入赣江。全流域集水面积 6 484 km^2,河道全长 273km。温汤河为袁河干流右岸一支流,发源于宜春市袁州区刘坊太平山西麓,主河道全长 39.5km,集水面积 197km^2。宜春中心城规划范围内温汤河的河段长 2.25km,河宽为 50～80m。南庙河为袁河干流右岸一支流,发源于洪江乡木坪,河道全长 40km,流域面积 176km^2。

目前宜春市中心城已发展成中等城市,"南旅北工中商贸家居"的城市框架已基本构筑。城市功能增强,城市品位不断提升。呈现以老城为中心向四周分区片拓展态势,即中心为商务商贸宜居区,南面为明月生态旅游新城区,北面为特色产业基地新城区;工业新城、宜阳新区、明月新区、袁州新区和湖田新区正在建设当中;城市道路在改建、扩建和新建;多数农贸市场和购物中心已建成,城市广场和休闲长廊正在建设。

(二)规划目标

1. 总体目标

以创建江西省以及国家生态园林城市为目标,充分发挥自然生态优势和经济特色,紧紧围绕建设生态园林城市的战略目标,至2020年,全市基本形成以高新技术、清洁生产和循环经济为主导的生态产业体系;合理配置、高效利用的资源保障体系;天蓝、水碧、宁静、地绿、山川秀美的生态环境体系;以人为本、人与自然和谐的生态人居体系;先进文明的生态文化体系,结合宜春是"亚洲锂都"、"宜居之城"、"森林之城"和"月亮之都",把宜春中心城建设成为经济富裕、安全舒适、环境优美、高效创新的生态宜居城市。

2. 近期目标

到2018年,城市环境基础设施配套完善,加强生态保护和生态恢复建设,敏感生态区域得到严格保护,初步形成生态网络安全格局,主要污染物排放总量得到有效控制。整体环境质量有所改善,重点区域环境质量明显改善。水环境质量保持并进一步改善,饮用水源水质安全得到保障;环境空气质量基本保持稳定并有所改善;固体废物全部得到妥善处理;城市工业污染源全面实现达标排放,并满足区域污染物排放总量控制的要求;基本消除生态破坏违法行为,全市达到江西省生态园林城市和国家生态园林城市建设的基本要求。

3. 中远期目标

到2020年,生态环境良性循环,生活环境优美宜居,城市环境基础设施配套完善,城市生态系统服务能力持续改善,环境福利和社会福利逐步提高,人们安居乐业,成为中国最具活力的可持续发展城市。

(三)城市功能区布局

1. 城市发展策略

(1)产业发展策略。工业先导、服务带动,推进二、三产业加快协调发展。重点发展钽铌锂产业、医药产业、服务业、建材产业、机电产业和油茶产业6大产业。

(2)区域职能策略。特色引领、综合发展,强化赣西区域中心城市地位。

重点培育区域宜居职能、区域交通物流职能、区域文化教育职能、旅游服务与休闲度假职能和区域体育竞技培训基地职能等。

(3)生态建设策略。生态立足、宜居品牌,坚持生态宜居城市发展目标。区域生态建设强调自然生态风貌的保留,突出生态旅游品牌的打造;城市生态建设按照通透、开敞和疏朗大方的原则,实现大城市的经济创业和小城市的休闲尺度。

(4)空间布局策略。南旅北工、服务沿江,构筑工业、宜居和生态三大空间板块。中心城突出三大功能区:一是明月生态旅游新城区,发展宜春生态品牌、旅游商贸、休闲商务;二是中心商务商贸宜居区,发展商贸商务、居住、文化教育、体育卫生;三是特色产业基地新城区,发展特色工业,提升经济实力,同时发展为特色产业服务的研发产业。

2.中心城功能区规划布局

(1)建设市级综合中心。市级综合中心是为赣西地区服务的区域中心,是生态绿心和宜阳行政商务中心一体化的复合中心。生态绿心是南北城区之间重要的生态屏障,承担着生态保育、水土涵养、旅游休闲、会展服务等多种复合型功能。宜阳行政商务中心是赣西服务功能聚集中心,重点发展现代商务、文化旅游、休闲娱乐、高端物流商贸、总部经济等第三产业,使之成为赣西地区经济发展的中枢。

(2)构建市级中轴线。市级中轴线沿着明月大道两侧布局了宜春中心城区核心服务功能,将工业新城、宜阳新区、袁州新区、老城区和明月新区的城市公共中心有机聚合成强大功能轴带。

(3)老城区优化改造。通过功能优化改造,强化老城历史风貌的保护,重点发展行政商务、旅游、房地产、金融商贸、物流、科研和文化教育等第三产业,是统领宜春中心城区的核心枢纽地区。

(四)规划方案

1.绿地系统建设

(1)绿地系统结构

宜春市中心城区绿地系统的规划结构可总结为"两环、两带、三纵四横、公园棋布、群山拥翠"。"两环",即宜春中心城区外围自然生态景观形成的外围生态圈以及城市环路两侧绿带形成的绿色防护圈。"两带",即秀江及其支流形成的蓝色生态走廊。"三纵四横",即横穿城市的景观大道两侧的防护绿带形成的景观绿廊。包括贯穿庙河片区、明月片区、清沥江片区绿廊;贯穿下浦片区、宜阳片区、化成片区绿廊;贯穿社背片区、石岭片区、迂塘江片区绿廊;贯穿渥江片区沪昆高速沿线绿廊。"公园棋布,群山拥翠",即城区内公园成棋盘状分布,加之近郊外围自然山体(包括屏风山、先锋顶、马鞍山、贤山岭、间山、石岭和银屏岭等山体)向城市楔入,形成公园棋布、群山拥翠之势。

(2)公园绿地

在充分保护和利用好现有公园绿地的前提下,新增的公园绿地的布局规划要求为:在秀江及其支流流域城市建成区段要形成30～100m宽的绿化带;在市区内环路沿线出入口10～50m范围内建设节点绿地;处于建成区内的高速公路、快速路入口建设节点绿地,沿线建设宽度为20～100m的绿化带;城市主干道每隔500～1 000m建设节绿地;在旧城区中分布节点绿地,在新建城区中形成连续绿廊;在重要文物古迹和城市广场附近增辟公园绿地。

专类公园是具有特定内容和形式,有一定游憩设施的绿地。为方便居民使用,步行到专类公园约8～12min,服务半径以500～1 000m为宜。针对目前专类公园缺少的现状,同时根据宜春市的居住区发展方向以及新型生态绿地布置原理,改造扩建3个专类公园,即体育公园、南池园和文笔峰游园,总规划面积为15km^2。

社区公园是为一定居住用地范围内的居民服务,具有一定活动内容和设施的集中绿地。公园内设施比较丰富,有体育活动场所,各年龄组休息、活动设施、画廊、阅览室、小卖部和茶室等,常与居住区中心结合布置。为方便居民使用,步行到社区公园为8～12min,服务半径以500～800m为宜。针对目前社区公园缺少的现状,同时根据宜春市的居住区发展方向以及新型生态绿地布置原理,共规划32个社区公园,以满足城市居民的生活、交流、学习、活动、休闲、游憩的要求。总规划面积为156.52km^2。

城市广场。规划15个广场,总面积34.57km^2。广场集文化、休闲、娱乐于一体,其铺装、种植、公共设施及无障碍设计应体现宜居城市以人为本的理念。规划重点建设市民广场、袁州新城广场、高铁车站广场、铜鼓广场、枫溪广场和沙田广场,对原有的鼓楼广场、春台公园北广场和体育广场进行保护或扩建。

街旁绿地。街旁绿地多设置于较宽的街道绿地之中,其具体处理方式与城市特征、游人对象有关。一般要求沿主要街道每300～500m设置一处小游园,面积在0.3～1.5km^{2}为宜。小游园应以植物造景为主,设施尽量简单,铺装硬地占30%～50%为妥。园中应尽量节约建设投资,提高生态功能,规划设置58个街旁小游园,分别位于城市各个角落,总面积

76.76km²。

(3)防护绿地规划

防护绿地是指为了满足城市对卫生、隔离和安全的要求而设置的,其功能是对自然灾害和城市危害起到一定的防护或减弱作用,不宜兼作公园绿地使用的城市绿地。如城市防风林、道路防护绿地、城市高压输电走廊和工业区与居住区之间的卫生隔离带,以及为保持水土、保护水源、防护城市公用设施和改善环境卫生而营造的各种林地。

本规划防护绿地包括工业区防护绿地、噪声防护绿地、道路防护绿地、城市公用设施防护林地和滨河防护绿地等以防灾、防护和隔离为目的的大型带状绿地、林地。规划总面积约365.5km²。其主要内容为:城北工业集中园区防护绿带,位于城市的北部工业园,主要以少污染和轻污染产业为主的综合性工业园区,周边建设50~200m防护绿地;高压线走廊防护绿带两侧绿化带规划宽度为30~50m;浙赣铁路、杭长高速铁路沿线走廊防护绿带两侧绿化带规划宽度不小于30m;沪瑞高速公路走廊防护绿带规划宽度不小于20m;320国道沿线防护绿带宽度不小于30m;环城路两侧绿化防护带宽小于20m;秀江上游城市自来水取水口处规划防护绿地,宽度不小于20m。

2. 生态景观建设

(1)山地生态景观系统规划

外围自然山体绿化,包括先锋顶、马鞍山、贤山岭、间山和银屏岭等山体,重点建设屏风山、震山和石岭成为郊野绿地公园,严格控制山体及周边开发。

城内山体公园绿化,重点是将袁山、化成岩、凤凰山、枯桐岭和白鹭岭等山体建设为城市绿地公园,注意公共性和开放性,保证最大多数的市民使用。

在山地生态绿地中,八峰(袁山、化成岩、凤凰山、屏风山、枯桐岭、震山、白鹭岭和石岭)是关系到城市山水格局的重要山体,严格禁止开山采石、破坏山体的开发。

(2)滨水岸线景观系统规划

三脉一江(温汤河、南庙河、枫河和秀江)为关系到城市山水格局的主要水系,应保育水系生态资源,优地优用,做好滨水公园绿化,严格禁止破坏水系的大规模开发行为。

三条溪脉为休闲生活带,以自然景观为主。温汤河休闲生活带体现现代科教中心及生态宜居风貌。南庙河休闲生活带体现商务展示、生态宜居风貌及城市外围郊野风貌。枫河休闲生活带体现生态绿心景观及产业示范区风貌。秀江为城市展示带,以人文景观为主,横向集中展示城市形象,为宜春从历史古城到现代新城分层拓展演变的缩影,注重"大景观、大气氛"的营造,结合城市功能塑造城市滨江标志形象。

(3)天际轮廓线系统

山体天际轮廓。结合宜春山体轮廓分层特色,整体设计宜春靠山城市轮廓,重点控制城市内8座山(袁山、化成岩、凤凰山、屏风山、枯桐岭、震山、白鹭岭和石岭),建筑轮廓应与山体轮廓和谐统一,形成加强或错位关系,整体形成高低错落、形态优美的城市天际轮廓线。对八峰周围城市高度分级分区控制,防止山体周边被建筑重重包围。对高度超过200m的山体周边建筑,采取近山高远山低的方式,对高度小于200m的山体周边建筑,采取近山低远山高的方式。并应结合不同实施情况具体设计,保证"山山互视"。

滨江天际轮廓。结合秀江小尺度空间特色,分层次组织城市景观,以山为背景,重要建筑簇群为中景,滨水公园为前景,建立优美的城市天际线。建筑簇群天际线轮廓形成在中部历史轴处为"低谷",宜阳路、明月路处为"高峰",城市边缘郊野处为"低谷"的整体波浪形轮廓。中轴区域的重要建筑簇群要形成统一连续的整体轮廓,结合城市功能,体现城市特色。

(4)综合功能景观轴带系统

一条城市功能型景观风貌轴。明月路、枫溪路沿线形成城市公共服务设施带,衔接城市南北区域,并体现宜春"历史古城—现代城市中心—未来新城"带状拓展的历史轨迹。它与渥江、南庙河生态景观带结合,形成带动宜春中心城区南北纵向扩展的人文、功能和生态复合轴。

两条生态型景观风貌带。秀江塑造城市形象展示带,为滨江绿化廊道与商业服务、历史保护和文化娱乐风貌结合的复合景观风貌带,是宜春面向未来的城市形象窗口,集中体现宜春特色景观以及标志性城市形象。枫河、南庙河营建休闲生活带,为融城市休闲游憩、文化娱乐功能与生态绿化廊道于一体的复合景观风貌带,并实现城市南北区域在生态景观和城市空间上的纵向联系。

(5)历史人文特色区系统规划

宜春历史人文特色区范围界定为老城片区、秀江沿岸地区、火车站以北,东西边界从宜阳大道至明月山大道,面积约2.0km²,其中明清古城区面积约1.5km²。分古城区、古城协调区两个层次进行规划控制。对古城区的规划控制,主要以传统街道、秀江、鼓楼广场和宜春台等为基础建立步行公共空间体系;严格控制古城内建筑高度、体量与风格;沿古城外围考虑绿化与停车场建设。对古城景观协调区的控制,主要是控制区内建筑的高度与体量,与古城区的风貌相协调。

(6)街道文化景观系统

建设一些标志性的和象征宜春文化的景观区(带)。建立城市文化建设管理制度、运作制度,实行管理的制度化、操作程序化,严把具体实施中的每个环节。从管理体制和机制上强化规范,杜绝主观意志而打破规划制度、乱占乱建、违规运作,确保城市文化建设顺利推进,长足发展,努力打造城市特色。在有限的时间和财力下,集中建设一些有标志和象征意义的文化景观区。

第三节 生态城市空间规划关键技术与方法

一、生态城市规划技术

为使城市可持续发展项目能集成所有领域的解决方案,生态城市指南和目标必须和当地需求密切结合。这是项复杂的任务,因此许多项目通常仅致力于实现特定领域内的解决方案(如高品质能源概念),但整体发展概念较少。解决这个问题不仅面临技术挑战,最重要的是对设计过程和合理规划程序的挑战。

如何让合适的专业人士与当地代表(民间的和政府的)参与进来?他们如何与联合设计工作进行沟通?这些问题使每个生态城项目参与者应从自身的角度关注以下三项工作。

1)集成各个领域(如城市和交通规划)。
2)整合参与代表和利益相关者,包括政府人员和当地社区居民。
3)调整规划以适应当地要求和具体情况。

每个项目都应制订适合本地实际的个性化设计过程,但生态城市的经验表明,采用和整合已有的各种规划技术非常重要。

(一)生态城市的基础知识

单个项目应量身定制其规划过程,但以下基本原则应始终应用于所有可持续开发项目。

1)规划应由所有规划领域联合设计。
2)项目过程需要公众和政府人员自觉参与决策。
3)项目的所有方面应相互关联,探索最优化解决方案。

这些原则应贯穿于所有规划阶段,也应作为下述流程的基础。

规划流程(图 3-3)阐明了城市街区尺度规划过程步骤,重点关注总体规划阶段。它不仅是一个时间表,而且指出了不同阶段规划的重点及其成果。规划领域(由城市规划师、外聘规划师和专家组成,图表左侧)和社区领域(官员与利益群体,图表右侧)的术语体系和方法通常存在差异,但他们必须参与整个规划过程,其见解和需求也应反映在规划成果中(图表中间栏)。

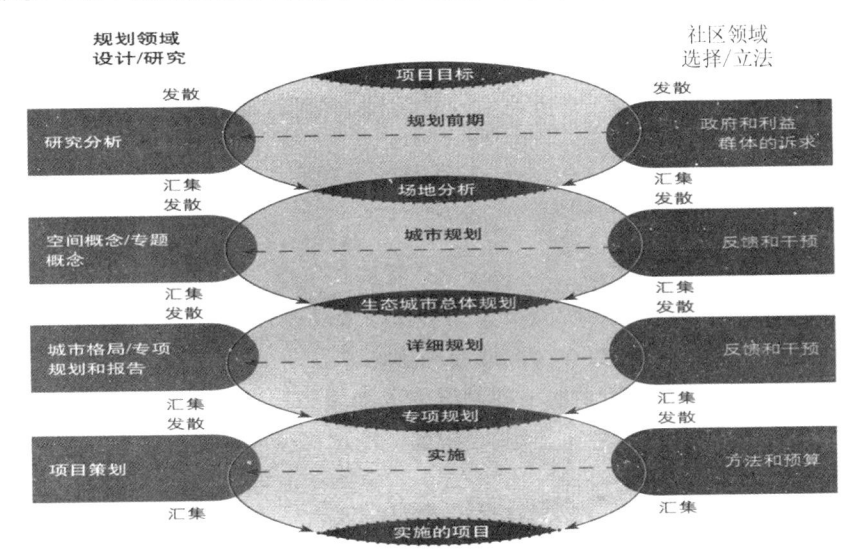

图 3-3 生态城市的规划流程

整个项目过程从设定一个共同目标开始,然后进行必要的研究分析。场地分析应该考虑周边区域与环境(重点考虑交通、货物和服务的供应)和当地特征(重点关注景观、城市气候和周边区域的连接)。通常应包含可持续规划的所有相关环节与领域,如城市格局、交通、能源和物质流(包括水和废弃物)、社会经济和城市气候。这一阶段也要认真听取社区内不同领域利益群体的具体诉求。

1. 城市规划

城市规划阶段,规划领域根据场地分析结果和生态城市可持续发展目标(基本概念),确定空间概念方案。然后规划师与社区领域讨论此初步方案,听取本地居民的多元需求。此过程最终成为生态城市总体规划。

2. 详细规划

在详细规划阶段,不同的发展方案和各专项报告将更加深入具体。由于两个领域自身语言体系不同,因此需安排专门的研讨会和会议。各专项规划问题传达给社区领域时,特别注意要方法得当、公开透明。通过公众参与进行反馈和干预不应是锦上添花,而应作为规划过程必要的组成部分。这些理念(如城市格局、交通或能源)将在专项规划集成过程中被优化(一些可能会被舍弃,其余的则会被整合纳入)。这一阶段从总体规划开始,最终成果为详细、集成的专项规划。

3. 实施

实施阶段启动后,将根据总体规划要求,讨论和确定要采取的措施。实施阶段成果必须在时间、财力和其他资源预算范围内能够实现。这个阶段要确定规划实现的方式和时序。这个阶段的实时监测对监督是否符合规划非常重要,其最终成果是建筑和基础设施项目的完工。

生态城市经验表明,上述方法有益于规划得到公众和政府的支持,有助于放宽视野,树立远景,确定可持续城市规划的重点。

还应指出,以上规划阶段很少完全按线形顺序进行。各个阶段间应始终保留能反馈的余地,如详细规划发现基本理念的一些设想无法实现,或实施阶段讨论表明总体规划的一些理念需要调整等。此外,项目全生命周期过程,已建成的基础设施在使用、维护和监测过程中也可能会发现需要调整和改变的地方。

(二)其他基本技术

现有的一些方法为生态城市规划技术奠定了重要基础。以下将描述这些方法的核心内容,其中环境最优化方法注重部门间的整合,而欧洲认知情景工作坊(EASW)方法是一种公众参与技术,强调提高城市可持续发展意识。

1. 环境最优化方法

这是一项支持空间与环境质量整合、提升多学科规划小组内各领域间相互交流的技术。

第一步,创建"清单",从环境角度"盘点"场地和项目需求;

第二步,"最优化",分析所有与环境相关的问题(如能源、生态、水和交通),目标是确定各领域最优的环境可持续解决方案;

第三步,"优化",将第二步最大化过程确定的单个成果整合为一个"环境设计",即把所有领域的解决方案整合成一个环境最优化的概念设计;

第四步,"集成",把设计方案集成到涵盖政策、战略、成本、预算和市场等其他领域的总体规划中。这一过程通常需要部门间的协调,且要求始终遵守特定的环保标准。

环境最优化法已由荷兰代尔夫特 practice Boom 的 Kees Duijvestein (2004) 开发。欲了解更多信息可登录网站 www.boomdelft.nl。

2. 欧洲认知情景工作坊

欧洲认知情景工作坊是一种基于对未来假设的公众参与方法，旨在就愿景和优先事宜达成一致。研讨会为期两天，参加人数约为五六十人，可涵盖不同本地居民群体。受邀者来自决策者、技术专家、私营部门、市民和社会团体 5 个不同利益群体。每天均包括介绍性的全体会议、主持人协调的小型讨论组和小组结果报告会。第一天致力于建立共同愿景，包括积极和消极方面。第二天以前一天制订的共同框架为基础，通过专题工作组制订行动计划步骤，努力实现积极愿景，避免或解决消极问题。研讨会最后将为所有建议进行排序。会议结束后会把成果提交给本地政府、公众和媒体。该过程和结果的详细报告也将反馈给参与者和广大市民。

欧洲认知情景工作坊是欧盟委员会创新项目中开发的一种方法，主要基于丹麦科技委员会的"城市可持续发展"项目经验和其他较成功的欧盟参与方法。欲了解更多信息，可登录欧盟委员会网站 http://cordis.europa.eu/easw/home.html。

二、集成规划技术

集成规划[①]对综合项目实现生态城市总体目标特别重要。生态城市方法要全面理解城市及其涉及可持续发展的诸多领域，并要将生态、社会与经济问题和传统城市规划结合。因此，要实现协同效应必须在更高层面集成各领域理念，增强关联性，这样形成的整体解决方案要远好于把单个领域的优秀解决方案简单组合。基于对良好规划成果的期待，这种方法可极大地提高规划效率和灵活性，快速应对不断变化的需求（如住房市场、投资者或新技术），并将延期或不必要的工作降到最低。

(一)跨学科规划团队

可持续发展可从多个角度进行界定，生态城市规划也应考虑这些因素。

---

① 尽管网络和项目描述的相关文献经常提到"集成规划"，但是并没有对此过程的一个具体定义。如 Kohler & Russel(2004) 和 Spate(无确切日期) 将集成规划认为是可持续建筑物的复杂建筑过程。JEA 把这些改编加入城市规划过程中。

建立跨学科的规划团队是在规划过程获取相关知识,并获得高质量专项规划理念的重要前提。这需要建立一个能代表所有可持续规划相关学科(包括交通、能源、水和城市气候专家等)和政府部门的团队。该团队应由内部和外部规划师与专家、不同政府部门和公用服务机构代表、本地专家共同组成。但规划合作方的数量和整合模式必须适应项目的复杂程度,并要根据项目管理资源来满足合理要求,保证其可实施性。

由于项目启动阶段的初步决策方案就会对所有领域产生影响,且随着时间推移对项目调整影响力逐渐减弱,在项目启动阶段就应该让所有合作方参加。需要通过频繁的信息交流来确保各专项领域解决方案和整体方案能够不断取得进步。项目启动时应根据各方共同确定的项目目标,在特定表格中详细列出所有合作方的贡献和所承担的任务。这个过程也要可调整,以适应一些新出现的需求或项目之外的影响因素。

(二)循环研讨过程

循环研讨规划过程对规划团队成员间的整合与协作非常必要,其理念是让规划团队成员全部参与,通过反复循环的规划过程不断推进总体规划和专项规划,逐步提高规划质量。这需要不断通过项目研讨(手工勾绘、写、画)或专题会议(汇报、讨论)形式来进行对话和互动沟通,通过高质量的项目管理来不断协调各平行小组的工作进度,组织沟通交流,确保所有参与者平等地参与决策(如避免城市规划师占据主导地位)。可以利用网络沟通平台、视频会议、网络会议、CAD软件的网络白板草图和共享程序等计算机支持协同工作工具(特别是有远程成员参与时)来支持高效的工作流程。此外应特别注重创造良好的工作氛围,如团队成员能力很强,但人员间产生矛盾,则会对工作流程和决策产生负面影响。

(三)自下而上的设计

规划,如交通规划,通常是从宏观层面逐渐向微观层面深入。这对场地分析而言是一个合理的工作流程,如区域居住区布局会影响交通需求。在规划个人机动车交通和公共交通网络时,应考虑更大尺度上城市、地区和国家的交通关系。但对于居住区设计和城区开发而言也需反向考虑微观到宏观的战略过程。

所谓自下而上的设计,就是从微观层面开始逐步上移到区域层面,在规划早期过程就关注为营造步行、骑车和有吸引力公共空间的宜居环境要采取的措施。这种从慢行交通模式开始的方法,是为在生活和工作环境、邻里和市区尺度实现可持续交通的基本设计技术。因此,场地分析工作在尺度和模式上应从大到小,由外到内,而设计大多应反向进行。

(四)优化技术

如前所述,由于城市可持续发展具有高度复杂性,因此很多项目只能关注很少一部分特定领域的可持续发展(如交通、水资源管理或能源)。利用优化技术既可同时应对多个可持续发展领域,也有助于应对系统自身复杂性的挑战。由于优化一个复杂巨系统很困难,应先将其分解成多个可控的子系统,然后再整合为综合的城市系统。这种先降低复杂性,然后再进行创新的过程是优化技术的基础。这既可提高规划过程的透明度,涵盖所有专题领域,也有利于按照总体设想逐步实现专题成果的高度融合。生态城市途径是一种发散—收敛技术,包括制订方案、集成规划和公众参与技术。每个设计阶段都从发散阶段开始(各领域分别制订多个解决方案),然后在收敛阶段进行融合优化,提出规划成果(如概念规划、总体规划)。发散阶段重点强调设计,而收敛阶段则以详细设计、实际措施、财务计算和评估检查为主。

1. 叠加技术

叠加技术的理念是,首先为城市可持续发展的各领域逐个制订最佳解决方案,编制规划(如交通、能源和水),然后将这些解决方案与城市设计目标一起整合为一个"新陈代谢"功能良好的整体(Battle,G.,McCarthy,C.,2001)。通过图像处理或辅助设计软件来处理复杂的多图层任务可以大幅提高总体规划编制的效率。这种方法可直接描述研究区的相关环境参数如城市气候系统、噪声、地下水与地表水风险、栖息地网络等,也可以将其进行合并,生成叠加图层(DAAB,K.,1996)。此方法还可阐明各结构要素间的相互关系,如社区集中停车场布局,公共交通站点布局与周边土地用途、密度分布特征。

这样可以产生多种不同方案,但由于各领域确定的结构相互有关联,各种方案需要在融合阶段进行协调,以便平衡各种需求间的潜在矛盾,例如,紧凑的朝南建筑结构与通风走廊的需求,或高密度建筑布局和绿色开放空间需求间的矛盾。因此需要通过合理透明的程序界定优先事宜并达成妥协。

2. 情景规划

情景规划方法有利于探索操作空间、拓展解决方案范畴和分析讨论方案的质量(Albers G.,1996),也有助于建立透明的决策过程。其目标是整合不同社会经济背景下的专项规划方案,探索综合全面的解决方案,而不仅涉及城市格局一个方面(Miiller-Ibold,K.,1997)(如街区和建筑物类型的不同布局方案)或一个领域(如机动车交通替代策略的调查)。

进行情景规划时,首先要广泛地提出方案(如土地利用布局、主要开放空间格局或重要交通干线),在此基础上制订初步方案。之后要描绘更详细的方案(如建筑结构及其能源供应策略、交通网络与基础设施,或雨洪管理与公共空间系统的集成等),为制订总体规划提供基础。由于规划项目的所有参与者可以对情景方案进行讨论,因此整个设计策略应和公众参与过程密切联系。可以通过规划图、透视图或参考图等方式更直观地表达预期成果,以便让不常参与项目规划的人也可以理解。

(五)公众参与技术

可持续规划面临的一个重大挑战是如何促进理论性强、目标宏伟且抽象的初步概念和当地政治经济实际情况进行卓有成效的交流。由于项目目标是既要尽可能提升可持续城市设计的质量,又要达成广泛共识,规划过程要充分进行互动和参与。每个城市开发项目都有其独特的历史背景、特定关键角色、本地规划、社会文化以及其自身的财政体系,因此所有项目都要按已有框架来制订其个性的设计过程,以便在开发过程中为每个阶段选择适宜的方法。要从众多社区规划技术中选取适宜本项目各阶段的关键技术,将其列入菜单。最终结构将取决于本地可变因素,如项目规模和复杂程度。总的来说,通过咨询过程来交换信息和意见应是生态城市规划的最低要求,而不应是自上而下、单向的信息流。但其目标是促进更广泛的社区参与,包括对规划过程产生实际影响,甚至能直接影响决策。

1. 社区委员会

社区委员会要从一开始就着手建立,并在规划启动后就持续发挥作用,这是进行互动和参与的关键要素。委员会应包括来自于政府的规划师和以下群体的代表,如本地政府部门、外聘规划师和专家、各政党和市议会成员、"地方21世纪议程"参与者和其他重要利益群体、居民和贸易联盟等利益相关者。其目标既包括让本地利益群体参与到规划项目中,同时要就公众参与过程的设计进行讨论。项目负责人和社区委员会要共同确定社区规划活动的数量和时间。

2. 社区规划活动

由于社区居民早已形成了最佳的解决方案(或可能方案),项目启动后就可以召开社区规划活动(如社区会议或周末社区规划),以指导第一阶段的概念方案设计。但社区规划活动也可用于下一阶段的规划过程。社区规划活动也可用于提升城市设计质量,推动各种技术和社会观念的进步,建立主要参与者、非正式支持者和政治委员会间的信任,创造一个共同的远景和适宜的宣传机制,并向有意作出贡献或将来生活、工作在此的群体传达项目理念。这项活动还可释放能量和热情,把批评变成建设性的对话,促进跨学科思考和行动,为所有参与者提供快捷学习途径,同时也节省时间和金钱。

一个典型的社区规划活动(需根据规划项目具体情况进行调整)案例概况如下(Wates, N., 1996 and V. Zadow, A., 1997):活动筹备期约为几个星期到几个月不等,这取决于项目规模和性质。其基本目标是确保尽可能多的人群参与这项活动。和各类关键利益群体代表进行密集的访谈既有助于提高人们对社区规划进程的兴趣,同时也利于获取关注问题的信息。

多学科规划团队汇集了符合项目具体特征所需的技能和经验。它可向关键人物获取和收集背景信息,还可提供(或招收)研讨会主持人、顾问和分析员,通常还包括编辑团队来编写该活动的最终报告。如果某特定群体无法或不愿参加这项活动,可在活动前进行重点群体访谈,并将结果反馈到规划过程。

活动本身为策划一系列问题导向的"未来研讨会",目的是解决预规划阶段识别出的主要专项问题。在活动中,研讨会主持人启动以下三项议程。

1)问题:梳理,评论。
2)梦想:想象力,"乌托邦"。
3)对策:实现,如何成为现实。

因此该过程从消极的批评转变为积极的提议与建议,最终变为提出如何实现这些提议的实际建议。

想法提出后即可进行讨论,在完全包容的过程中进行建设性的对话。该过程可能会否决单一或冒进的议题。全体会议将报告反馈结果,因此所有人均可不断了解最新进展。

在参与式规划的过程中,各类参与者身体力行,对研讨会期间的发现和提议进行分析,进行该地区不同尺度的规划。尽管各领域专家和专业人士都出席和协助举行会议,但要重点强调应该由"非专业"参与者和其他非专业人士(他们未必能够达成一致意见)共同提出潜在的解决方案。这个过程传播了具有挑战性的单一反面意见的潜在可能性。巡视小组也可以从其他小组收集更多的信息,并直接反馈到过程中。

参与式规划会议预期成果是在共同协作基础上制订的一系列有视觉冲击的规划。这些规划能够结合社区期望、商业现状和可持续发展理念。在全体会议上,团体成员将展示这些规划,让所有活动参与者都可了解这些理念和提出的规划方案。尽管没有限制,但经常会出现惊人的共识。在社区规划活动后期通常举办"推广研讨会"来讨论如何推动发展过程。此活动非常重要的是可以形成持续的活力和共同使命。规划活动团队随后将分析和评价公开会议的成果。社会规划产生的远景方案和研讨会过程、亲自参与规划过程和推进研讨会的建议等成果,将通过幻灯片、展览、印刷品或在线文档等方式反馈给参与者与公众。

3. 社区信息工具

尽管社区委员会和规划活动经常时不时地进行沟通来减少交流隔阂,项目负责人仍可以通过许多传统社区信息工具来帮助进行信息沟通。展览(用来宣传规划过程内部信息)和问卷调查(用来收集个人信息)可以支持特定阶段的规划和设计过程。应用互联网等先进的信息交流平台,如项目网站,可提高规划过程的透明度,让每个人都能够访问信息、提出意见。

然而在项目规划过程中,任何信息交流工具都无法取代综合的、面对面的互动交流和参与过程。由于可持续规划项目极具挑战性,因此在推动和影响它的人们之间建立信任特别重要。只有建立起了伙伴关系,能够感受和体会他人的态度,才能更好地实现项目愿景。

(六)生态城市咨询策略

通过引入其他领域知识或对规划过程进行过程导向的专业指导等外部专家咨询可以提高规划项目质量。生态城市项目已形成两个连贯的咨询策略步骤。

1)利用生态城市自评估表进行规划方案的自评估。
2)外部相关领域专家构成的质量指导团队举办生态城市质量研讨会。

自评估必须由本地项目组执行,并根据生态城市自评估清单所列问题对项目进行评价。这项工作在总体规划初稿完成且正式社区参与活动尚未开展时进行效果最佳。因为生态城市质量研讨会期间提出的任何修改建议均可集成到规划中,并提交给社区进行讨论。

质量指导团队应由可持续城市规划、交通规划、能源和团队影响力、公众参与等领域经验丰富的专家组成。这些专家可从本地聘请(如城市规划设计公司、研究机构和大学等),但他们的经验应超越本地背景和环境范畴,可以完成其他地区甚至其他(欧洲)国家的规划项目。

生态城市咨询策略的目标是促进:整体和多部门/领域的方法;以生态城市目标与措施清单和自评估一表为基础进行专业人士间的沟通;经验和

知识的国际交流。

质量研讨会旨在帮助克服自评估过程发现的问题与不足,强调对规划项目进行切实提升。实现这一优化目标,需要全面理解各专业部门间的相互关系,以提供整体的解决方案。

研讨会应包括三项议程。

1)根据生态城市目标进行自评估,得出分析结论。

2)提出优化和改善的建议。

3)将这些建议融入具体规划。

在质量研讨会上,所有(本地)部门专家,特别是交通规划师和城市规划师应协同工作。这个研讨会也可作为实施过程的开始,这也是鼓励所有地方规划师和利益相关者参加研讨会的另外一个原因。研讨会的具体议程应根据项目、团队和自评估结果确定。

生态城市项目质量研讨会最常处理的问题包括:

1)将生态原则和概念整合到城市规划中。

2)整合可持续交通规划和城市规划。

3)在物流和节能等领域进行经验交流。

4)开发时序规划与财务规划相结合。

这种与外部专家协同工作模式通常有助于提高规划的"生态城市质量"。此外,优化步骤的可行性更容易说服地方项目更外围的利益相关者。这对项目实施来说是一个非常重要的开始,同时也是质量研讨会综合整体方法的一个结果。

三、城市生态规划方法

(一)生态要素的调查与评价

早在1969年,由麦克哈格创立的网格法,对于生态调查有着较大的帮助,具体方法是在筛选生态因子基础上,对小区按网格(基本单元,1km×1km)逐个进行生态状况调查与登记①(必要时借助专家咨询和民意测验)。其中,生态评价是指对区域的资源与环境特征、生态过程稳定性、环境敏感性等进行综合分析,认识和了解区域环境与资源的生态潜力与制约。

---

① 登记内容包括气象、水文、地形、土地利用、人口与经济密度、产业结构与布局、建筑密度、能耗密度、水耗密度、环境质量等。

(1)生态过程分析

生态过程分析包括对自然资源与能流、景观生态格局与动态、生产生活、交通、土地承载力等方面的分析。

(2)生态潜力分析

明确单位面积土地上生态因子(如光、温、水、土资源配合)可以达到的初级生产力水平,并了解在区域农、林业生产中最大的环境干扰因素。

(3)生态敏感性分析

分析与评价区域内各组分对人类活动的可能反应及其速度与强度,内容通常包括水土流失、敏感集水区、具特殊价值的事物、人文景观、自然灾害及风险性。

(4)土地质量及区位评价

评价指标以自然和人文为主,但由于规划目标的差异,区位内涵也会各有不同,最终导致所选指标属性及体系的不同。

(二)环境容量和生态适宜度分析

一般地,环境容量是指容纳环境污染物质的最大负荷量。生态适宜度是指在规划区内确定的土地利用方式对生态因素的影响程度(或生态因素对给定的土地利用方式的适宜状况和程度),是土地开发适宜程度的度量。环境容量和生态适宜度分析是为城市生态规划中区域与城市污染物的总量排放控制、城市功能分区和土地利用方案的制订提供科学依据。

生态适宜度分析是在网格调查的基础上,对所有网格进行生态分析和分类,将生态状况相近的作为一类,计算每种类型的网格数以及在总网格中所占的百分比。生态适宜度分析只针对某种特定用途才有意义,即区分何种地块(网格)的生态适宜度;地块对何种利用方式的生态适宜度。例如地势低洼,终年积水,对城建来说可能是生态适宜度较低的土地,而对水产养殖来说却是适宜的土地。

(三)土地承载能力评价

土地承载能力评价应考虑以下几个因子(度量值)之间的关系。

1)发展变量,即人口和社会经济的未来发展期望值或预测值。

2)生态负荷,即对生活在该地区的人和生物不致引起不利后果,也不导致自然环境质量变坏的资源环境开发利用限度。

3)限制因子,即限制一个地区人类活动进一步增长的因子,包括环境因子(如水质等)、技术经济(如基础设施)因子及心理因子等方面。限制因子的最大值常可用国家或地方标准来确定(如水质),也可通过专家判断来确定(如心理方面因子)。估算限制因子对发展变量的限制程度是土地承载能力分析的关键。

4)规划目标和年度,即确定生态规划的总目标、近远期目标和年度,应同区域和城市总体规划近远期目标及相应的年度一致,以利同步、协调、可比并互为应用。

第四章 生态城市社区评价指标体系的整合

第一节 可持续发展指标体系的发展演变

一、指标体系概述

社会不断发展,生活不断进步,我们所接触的事物也在不断发生着变化,久而久之,我们会对事物的变化进行预测或者判断,并且还会归纳总结。而我们得出的变化结论会以一种简单化、标准化的衡量单位来判断,这种单位称为"指标"。它在拉丁语中的意思是公开评价,指出价值。而在百科名片中的意思是一种衡量单位或方法。在实际使用上,它是指对事物的一种定量描述,就像就业百分比、环境标准值一样。

指标体系是一个整体概念,它是由多个单项指标组合构成的。这种体系反映了多层面的广范围的特定性的管理程度。可持续发展评价指标体系是一个基于可持续发展原则而建立起来的反映复合生态系统发展质量和水平的指标体系[①]。

二、可持续发展指标体系研究

(一)国外可持续发展指标体系

《我们共同的未来》和《21世纪议程》的问世发表,使可持续发展的概念

---

① 赵景柱.社会—经济—自然复合生态系统持续发展评价指标的理论研究[J].生态学报,1995,15(3):327—329.

第四章　生态城市社区评价指标体系的整合

深入人心,也使研究和建立可持续发展指标体系变成了重要任务。联合国随后围绕着可持续发展委员会展开了"可持续发展指标体系"的研究。此后不久,就出现了各个区域各个国家的可持续发展指标体系,其中国际级的包括"世界经济论坛的环境可持续性指数(ESI)、世界自然保护联盟(IUCN)的福利指数(Wellbeing Index)和国际重定义发展组织(Redefining Progress)的生态足迹和真实发展指标"等;国家级的包括有美国跨机构工作组可持续发展指标体系、英国可持续发展指标体系等;区域级的包括有加拿大新斯科舍省大西洋 GPI 和美国西雅图可持续发展指标等。指标体系的具体内容详见表 4-1。

表 4-1　国外可持续发展指标体系

	组织机构	指标体系介绍
国际级	世界银行	1995 年,世界银行发布了《监测环境的进展》(Monitoring Environmental Progress),是具有全球影响力的可以实施的体系,是一种以货币为单位来评价可持续发展模式的体系。用"真实储蓄"来描述国家真正的财富状况。同年又向全世界公布了新国家财富指标[①]。1998 年,Dixon 又在《扩展衡量国家财富的手段》一书中将这一真实体系进行深刻细致的分析。该理论假设了可持续发展理论能够保持并且衍生财富。用这一指标体系,能够从四大资本方面去判断和展望国家的财富情况和发展趋势。不过这一货币体现形式的体系也是有缺点的。例如,这项指标结构模糊,计算困难,并且对于可持续发展的空间差异性也不够重视

---

① World Bank Expanding the Measure of Wealth: Indicator of Environmentally Sustamable Development, Environmentally Sustainable Development Studies and Monographs Series No,17[R]Washington,D. C. 1997.

续表

组织机构		指标体系介绍
国际级	世界经济论坛、耶鲁大学、哥伦比亚大学	环境可持续性指数(ESI)有5个核心的领域,分别是环境系统、承受的压力(以污染程度和开发程度来衡量)、人类的脆弱性、社会及机构能力、国际管理和合作,五个核心领域涉及21个指标,每项指标结合2~8个变量,共由76项基础数据组成①。ESI虽然被看作环境可持续发展的"指示灯",然而它依然存在很多问题
	联合国开发计划署(UNDP)	人类发展指数(HDI):联合国开发计划署自1990年起每年都要发表一期《人类发展报告》,这种方法将预期寿命、收入水平和教育程度综合成为一个指数,HDI用于比较不同地区之间不同人群发展水平的差异,由联合国开发计划署设计②。HDI仍然不够完善有缺陷
	联合国可持续发展委员会(UNCSD)	1995年批准实施"可持续发展指标工作计划",既对应了《21世纪议程》的章节,又依据了"驱动力—响应—状态"(DFSR)模型,并在22个国家进行了测试应用。这个计划分为社会、环境、经济、制度四组,在134项可持续指标的基础上筛选出58项③;2006年制订了96项指标的新的版本,其中50项为关键指标④。该指标体系过多关注环境生物物理指标,并被UNCSD规定"仅供不同国家基于自愿原则在国家层面进行使用,适用于该国特定国情,不应导致包括金融、技术及经济方面任何形式的制约"⑤,从而失去了它原本设立的国家级通用的初衷

---

① http://www.yale edu/esi/ESl2005 pdf.

② http://www.undp.org/en/media/HDR 2009_EN—complete.pdf.

③ UN Div Sustain Dev. 2001 Indicators of sustainable development:framework and methodologie Backgr Pap 3,9th Sess. CommSustmn Dev., New York, Apr. 16-27 DESA/DSD/2001/3 http://www.un prg/esa/sustdev/csd9/csdg indi bp3 pdf.

④ http://www.orgJesaJdsd/dsd aofw md/ind－index.shtml? utm_source = OldRedirect&utm memdium2 redirect&utm_eontent = dsd&utm—campaign = OldRedirect(accessed on 16 July 2010).

⑤ UN Comm Sustain Dev. 2001 REE91h session E/CN 17/2001/19 UN, New York.

第四章　生态城市社区评价指标体系的整合

续表

	组织机构	指标体系介绍
国际级	可持续发展年指标顾问组（CGSDI）	该顾问组成立于1996年，由多个该领域专家组成国际小组。旨在"使全球指标工作和谐化，应对建立单一可持续发展指标体系的挑战"①。该顾问团出台了"可持续发展仪表盘"，包含了超过100个国家的四个领域（环境、社会、经济及研究）46项指标的内容②。同时，该顾问团还开发了一套软件包，允许用户选用不同的方法对单独指标的总分数进行计算统计，并用图形方式分析该合计结果③
	世界自然保护联盟（IUCN）	福利指数：世界自然保护联盟为"福利评估"的发展提供了赞助，该项评估在已出版的《国民福利：一项关于生活及环境质量的国与国的衡量指数》中首次提出④。福利指数由180个国家的88项指标组成，指标分为两类：(1)人员福利；(2)生态福利。人员福利由健康以及人体、财富、知识与文化、团体性和平等性指数构成⑤。生态福利由陆地、水源、空气、基日及物种以及资源实用指数构成
	国际重定义发展组织（Redefining Progress）	生态足迹（Ecological Footprint）：是一种度量方法，用来度量可持续发展的程度。计算方式是将项目折算成生物生产土地类型。已经被广泛应用。真实发展指标（Genuine Progress Indicator）：1995年提取并取代了GDP。国家或地区层面的决策制订者根据GPI能够衡量自身公民在经济及社会方面的情况⑥

---

① http://www.iisd org/cgsdi/history asp(accessed Oil 13 July,2010).

② Eva Hizsnyik,Ferenc L Toth,Integrating MainSTREAM Economic Indicators with Sustainable Development Objectives,2010 International Institute for Applied Systems Analysis(down load ed from wwwin－stream eu/download/1901 in－stream deliverable.3－1 pdfon ll July 2010)

③ Int Ins. Sustain Dev. 1999 Consultative Group on Sustainable Development Indicators Winnipe 9,Can;IISD. http://iisdl iisd ca/cgsdi/.

④ Prescott. Allen R. 2001. The Well being of Nations：A Country-by-Country Index of Quality of Life and the Environment. Washington. DC：Island(http://www. oecd. org/dataoecd/36/40/33703702 pdf.).

⑤ Prescott. Allen R. 2001 The Well being of Nations：A Country－by—Country Index of Quality of Life and the Environment Washmgton,DC：Island(http://www. oecd. org/dataoecd/36/40/33703702 pdf.).

⑥ John Talberth 2007 The Genuine Progress Indicator：2006：A Tool For Sustainable Development Oakland,CA：Redefing Progress.

续表

	组织机构	指标体系介绍
国家级	美国跨机构工作组	美国跨机构工作组可持续发展指标体系包含经济、环境、社会三大指标。共计40项。其中有17项反映了真实的社会发展趋势,包括这17项在内共计30项都显而易见地体现了与可持续发展的关联。经研究,因为该国在近代历史中很多的大事件都与经济、社会、环境相关联,推动了三者的发展,所以形成了美国的三大指标体系:①经济指标在大萧条及第二次世界大战后的衡量方式多数转换成货币形式。②因为大社会及民权运动的出现,使得更多的社会指标进入广泛使用阶段。③环境污染严重,导致保护环境的运动兴起,同时也带动了环境方面的指标使用。即空气和水质的衡量指标
	荷兰的住房、自然规划和环境部	荷兰的住房、自然规划和环境部设计了一套环境政策的评价指标体系——政策业绩指标(Policy Performance Indicators)是环境政策指标,包含了两层结构,都是关于环境气候方面的。这项指标的出台不仅能够让国民了解评价国家环境情况,还体现了环境对于经济的影响力,被誉为检测可持续发展开展程度的领路者
	英国跨部门工作组	英国的可持续发展指标体系(UKSDI)在经合组织的环境指标架构基础上,进行了改进,创造了互动系统。同时,英国在《英国可持续发展策略》中也明确表态要建立属于自己的指标体系。终于在1998年修正颁布了120个指标,并在之后的文献里进行了更加细致具体的归类
	加拿大关于联系人类/生态系统福利的NRTEE方法	1991—1995年,加拿大经过开会讨论,创造了全新的指标体系。这项体系反映了可持续发展的实质(NRTEE,1995)。NRTEE指标体系主要探讨四大方面:①生态系统方面;②人类福利与社会文化等方面;③前两者的关联;④前面三者之间的共通与关联
	加拿大财政委员会	加拿大财政委员会每年会对综合关键指标体系进行更新,让国民更好地了解国家各个方面的平衡情况,并从指标的四个方面来进行分析说明:①经济的发展状况;②国民的健康生活方面;③环境的变化情况;④国民文化与国民安全程度

续表

	组织机构	指标体系介绍
地区级	大西洋GPI	1996—1998年,大西洋GPI用了一年半的时间,通过多方统计学专家和机构的帮助,经过对各方面指标的深入研究,终于制订了真实的关于新斯科舍省的发展指数。大西洋GPI决定采用22项关键的社会、经济及环境指标,对每一项指标采用最为有效的方法,同时尽可能避免对各项指标的整合①
	西雅图可持续发展委员会	该指标是根据可持续性的理念而著,分为五个方面,涵盖了40个指标,很好地体现了西雅图的社会价值观。"美国西雅图市可持续发展指标体系"为可持续发展的倡导者和实践者提供信息,以采用包括独立行动和共同协作在内的有效行动②

资源来源:根据相关资料整理绘制。

经过缜密的研究概括,可以将可持续发展体系分成两个类别,即单一和分层指标体系。两者各有优缺点。系统性的单一指标评价法比较简单,但只是点的衡量,并且是点的方向上的比较。如生态足迹③理论,简单容易理解,不但能够计算大的方面的足迹,还可以计算小的方面的足迹。在评价上面也可以从时间和空间上分别进行对比。但是它的缺点也体现在这里,它只能片面地从单方面单层次地去考虑生态状况,忽略了除分析对象以外的事物所带来的影响。所以,它局限于静态的瞬间性。而分层指标系统性比较强,评价法相对细致多面,是面的衡量,覆盖面广泛。比起单一指标更能全面反映问题。但也有它自身的缺陷,如它的系统间的划分不规范,系统间的信息不精确,系统间的关联不明朗。虽然它能进行全面概括评价,但是细小方面,子系统之间的判断方面还是不够精准的。

(二)中国可持续发展指标体系

1992年里约热内卢联合国环境与发展大会以后,中国第一个发表了国家的"二十一世纪议程"。并在多方支持下,于两年后正式出版。不仅如此,

---

① http://www.gpiatlantic.or//society/history.htm.
② http://www.b-sustainable.org/about-me-b-sustainable-project.
③ 生态足迹就是能够持续地提供资源或消纳废物的、具有生物生产力的地域空间(biologically productive areas),其含义就是要维持一个人、地区、国家或者全球的生存所需要的或者能够容纳人类所排放的废物的、具有生物生产力的地域面积。生态足迹估计要承载一定生活质量的人口,需要多大的可供人类使用的可再生资源或者能够消纳废物的生态系统,又称之为"适当的承载力"(appropnated carrying capacity)。

还有专门的管理中心来执行。从此可以看出国际上对此项目的重视程度。中国的可持续发展指标体系不断涌现,在国级、省级和城镇级都有相关指标体系。如中国科学院和国土资源部;黄土高原、青藏高原;山东省、江西省、云南省;北京市和昆明市等。具体内容详见表4-2。

表 4-2　中国可持续发展指标体系

层次	部门	主要情况
国家层次	科技部	该体系基于国家统计资料。设立了描述性和指标性两大体系。该体系体现了各项指标的相联关系和可持续整体优化的思想观念
	中国科学院	该体系基于国家统计资料。同样是描述和指标两大性质体系。一样体现了指标之间的关系和发展思想
	国土资源部	利用整体规划体系,侧重耕地、用地等内容,包含了土地方面的12个指标
	环保总局	由具有很强的技术性的24个定量指标构成
	统计局	有37个指标,涉及了经济资源、人文环境等方面。具体表现在用水量,污水日处理能力等
地方及部门层次	区域层次 黄土高原	由子系统和多种类型的指标体系构成,以便于分析评价该地区可持续发展进展程度。其包括高级综合、基本和元素三大指标。涵盖了人口资源,社会环境等子系统。
	青藏高原	用"标志星"的方法,分成42个指标,从属于人口资源等六大子系统
	淮河流域	利用层次分析法,从社会资源等4大子系统中进行分析评价。
	江西省山湖区域	经多方商议探讨出台并付诸实践的,涵盖了两大分析法的指标体系。主要使用在江湖区域的评价与分析上面。包括了三个层面,10个二级指标和55个三级指标
	长白山地区	分别由四个专题组成的系统发展水平和系统协调性两大方面组成的体系。涵盖了38项指标,包含内容有社会生活质量、生态环境质量、经济社会发展相关性、政策与管理水平等
	省级层面 山东省	指标体系包括4个子系统,即经济增长、社会进步、资源环境支持、可持续发展能力,共计90个指标

第四章　生态城市社区评价指标体系的整合

续表

层次	部门	主要情况
省级层	江西省	分成两个指标体系,一个是发展方面的体系,一个是子系统构成的要素体系。分别包含了发展水平、质量、社会、环境等内容
	云南省	从层次、层面确定了不同的体系和指标,从不同的区域、不同的方向进行不同的分类
	海南省	从三大发展潜力里面,分列出三大层次。又从不同的层次里面分列出不同的发展指标。主要包括人口素质、文化和耕地面积、水资源供给水平以及土壤质量、交通设施水平等很多方面
	台湾	通过对体系的细分,分出了128个指标。从各项指标里面计算统计并预测了台湾的局势和前景。内容包括:环境污染、生态资源生产、生活等很多内容
地方及部门层次	环保总局	特别之处在于指标参照值,国家环保总局通过参照值来评估国家环境保护的可持续发展道路。其中共有23个指标
	北京市	通过系统间的组合及将模型和系统以及调控层进行整体的整合,以系统论的思想理论为基本原则整理出指标结构,从而进行全面系统的分析和评价。
	上海浦东	拥有13个指标的经济发展和有29个指标的环境保护以及12个指标的社会发展是生态城区规划中列出的一级指标
城镇层面	昆明市及玉溪市	三大方面的18个指标,分别是发展程度,资源的承载力和环境容量。其中后两项着重体现了市级与省级两者之间的差异
	南阳市	通过两百多个指标的分析评价最终确定了60个重要指标。通过不断纲化指标的数据,不断完善对南阳市的可持续发展进行评价。使得这个议程试点城市得到代表性的成功
	南京市	由四大层次构成,各个层次相互牵连,关系密切。分别为目标、准则、领域和要素四大层次
	攀枝花市	攀枝花是具有大量物质资源的。通过这种特定环境可以建立以资源为中心要素的指标体系。这样可以为该城市的发展作出重大贡献
	长沙市	长沙是以生态城市建设为基准而设立的指标体系。运用了特殊方法特定要素,建立了生态城市指标体系。共有三个级别,有47项指标之多

资源来源:http://www.who.int/zh/。

通过以上资料内容,我们得出以下结论:①单纯的复制,没有实质性的理解。②我国没有统一性的、统领性的、规范的、标准模式化的指标体系。西方国家多具有全国范围的统一的体系。这种大家都可参照的体系更加便于可持续发展的顺利进行。中国的可持续发展指标体系尚未健全,还没有步入正轨。③往往是一同宣传推广之后,没有任何专门的机构去监督执行,导致指标体系成为空架,停滞不前。④不同地方的指标体系是不一样的,计算方式方法也存在较大差异。这种状况导致我国可持续发展的进行举步维艰。

从中外的评价体系中可以得出结论,没有任何一种体系是可以通用的。但是不同的体系有不同的特点,我们可以取长补短。如本文之前提到的分层级评价结构:中国科学院(5级)、山东省(4级)、联合国可持续发展委员会指标体系(3级)、荷兰政策业绩指标(2级)等,以及生态系统福利的NRTEE方法和加拿大财政委员会关于健康方面的指标。我们可以从这里找到优缺点,加以完善。

三、健康城市指标体系研究

(一)世界卫生组织提出的健康城市指标体系

"健康城市"一词最早出现于1984年加拿大多伦多召开的"健康多伦多2000年"的国际会议上[1],这是一个讲述医疗与健康的关联的论文题目,论文指出人们生活在健康城市时,应该享受与和谐健康社区、自然生态环境相适应的生活方式[2]。这篇论文的发表,改变了这个城市的市民对于健康生活的想法,同时也惊动了世界卫生组织,将健康城市制度化,以确保市民健康状况的改善[3],产生了巨大影响。后来,世界卫生组织专门为了欧洲地区的健康项目设立了办事处,不仅如此,还带来了很多国家纷纷加入的情况。使得健康城市项目发展道路十分顺利。其中包括北美洲、亚洲、非洲和拉丁美洲的很多国家。

世界卫生组织对健康城市的定义为:"健康城市"是指由健康的社会、健康的人群、健康的环境三大要素所组成的有机结合的整体,能够不断改善、发展自然和社会环境并扩大其社会资源,使人们能够在充分发挥潜能和享

---

① NiylA The Healthy cities approach—— reflections on a framework for improving global health. Bull WHO,2003,81(3):222.
② www.healthycities org/overview html.
③ Takehito Takano Edited:Healthy City and Urban Policy Research,Spon Press,2003,4,Px.

第四章 生态城市社区评价指标体系的整合

受生命方面相互帮助的城市①。健康生态城市建设最初评价指标体系并不成熟。最初只是以"改善城市健康状况"(Promoting Health in the Urban-Context)中提出的健康城市、城镇和社区的11项特征(表4-3)作为评估标准②。后来,人们才开始引用弗兰·鲍姆(Fran Baum)的观点来进行评价,细分为很多方面,主要包括三大指标,分别是社会正义、人权和平等。第一方面体现在物理部分,像我们生活的环境,道路的修建,房屋的构建等。人们生活在一个城市,避免不了接触联系,这是第二点要说的人与人之间的作用。每个人都有每个人的生活方式、文化背景,人与人之间又是不一样的,这是我们要说的第三点个人体验。现在的健康体系大致分为两类:一个是体现在个人身上的,另一个是体现在城市的建设发展方面。例如,个人的文化和福利待遇,环境的质量和交通的便利等。迄今为止,应用最广,作用最大的是经过多重重改制订而成的由世界卫生组织发起的健康城市指标体系。具体内容如表4-4所示。

表4-3 健康城市、城镇、社区的11项特征

高质高量,干净整洁,没有危险的环境
维持并不断发展的稳定的生态系统
互相帮助团结,没有任何抵制排斥的社区
广大人民切身感受投入的生活,享受待遇,享受选择的权利
市民提出的要求,只要能做到,一定给予满足
开展各种活动方便人们互相沟通
丰富多彩的、创意十足的城市经济模式
让城市的发展理念代代相传,物质文化现象生生不息
多思考城市的发展道路方向,多采纳意见,打造独特的城市
医疗护理方面达到民众最大的满意
身体健康的比例大于生病的比例,多健康,少生病

资料来源:http://www.who.int/zh/。

---

① World Health Organization. WHO healthy cities: a programme framework A review of the operation and future development of the WHO healthy cities programme Geneva, 1994.

② WHO, 1986, Health and Welfare Canada, and the Canada Public Health Association, Ottawa Charter for Health Promotion.

表 4-4 WHO 健康城市指标体系

类别	指标	类别	指标
A 健康指标	A1 总死亡率：所有死因 A2 死因统计 A3 低出生体重	B 健康服务指标	B1 现行卫生教育计划数量 B2 儿童完成预防接种的百分比 B3 每位医师所服务的居民数 B4 每位护理人员服务的居民数 B5 健康保险覆盖的人口百分比 B6 基层健康照顾提供非官方语言服务的便利性 B7 市议会每年讨论健康相关问题的数量
C 环境指标	C1 空气污染 C2 水质 C3 污水处理率 C4 家庭废弃物收集品质 C5 家庭废弃物处理品质 C6 绿化覆盖率 C7 绿地的可达性 C8 闲置的工业用地 C9 运动休闲设施 C10 徒步区 C11 自行车专用道 C12 公共交通运输座位数 C13 公共交通运输服务范围 C14 生存空间废弃物处理品质	D 社会经济指标	D1 居住在不宜居住建筑的人口比例 D2 流动人口的数量 D3 失业率 D4 低收入人群比例 D5 可照顾学龄前儿童的机构百分比 D6 小于 20 周和 20～34 周以上活产儿的百分比 D7 堕胎率（相对于每一活产数） D8 残疾者受雇的比例

资料来源：http://www.who.int/zh/。

(二)我国"健康城市项目"的启动健康城市指标体系

目前我国健康城市项目还没有完全普及,启动"健康城市项目",建立指标体系将是关键任务。当前我国健康城市指标体系还存在诸多的弊端,如不能很好地理解健康城市的内涵、未考虑当地具体情况、在实践中可操作性差,仅考虑定量指标,无心理疾病治疗的防治指标等,因而健康城市指标体系的建立应当涉及多个学科及领域。

伴随着世界健康城市项目的广泛开展,健康城市项目已经不再是仅仅涉及公共卫生领域的研究,而是需要政治、社会、生态、经济、公共卫生、个人行为等多个领域共同努力的议题。政治领域要求城市管理者从战略层次上重视城市健康建设,根据城市经济、社会、环境和人发展的需要,提出与WHO目标相一致的可行性建议,并在政策、制度、管理和经费上予以大力支持;经济领域要求城市经济又好又快发展,走低碳经济和循环经济之路,积极创造就业岗位,努力增加市民可支配收入,大力改善市民住房条件等;社会领域则通过健康城市项目的推广,普及健康知识,积极调动公众参与,协调不同收入阶层的关系等;生态领域要求政府改善日趋恶化的自然环境,创造一个长期稳定的社会—经济—自然和谐发展的复合生态系统,为市民提供高质量的生存环境;公共卫生领域提倡"预防为主"的政策,加强妇幼保健和疾病防治工作,提高食品安全性能和公共卫生条件,控制传染病、职业病、地方病和精神类疾病的流行;个人行为领域则需要政府开展健康教育和健康促进活动,要求市民有良好的生活习惯和积极向上的精神面貌,全方位、宽领域地提升市民健康水平。因此,只有在多个学科和领域基础上建立的指标体系,才能够真正地体现健康城市的内涵,保障城市的健康发展,最终实现人们享受健康生活的目标。

1994年8月,在世界卫生组织西太区专家的帮助下和我国卫生部的领导下,健康城市项目首先在北京市东城区和上海市嘉定区开展,并拟定了《中国(市)健康城市发展规划》;1995年,重庆渝中区和海口市加入该计划;一年后,苏州、大连、保定和日照等市也陆续加入中国健康城市项目中来[①]。

上海市嘉定区作为我国最早推行健康城市项目的试点地区,制订了《上海市环境保护建设三年行动计划(2000—2002年)》,为健康城市的启动奠定了坚实的基础,随后上海市启动了四轮健康城市行动计划,分别是2003—2005年、2006—2008年、2009—2011年和2012—2014年。

---

① WHO 2003 International Healthy Cities Conference Belfast,2003:10,19-22.

为了更好地实现健康城市发展目标,健康城市行动计划都制订了评价指标体系,2003—2005年提出的健康城市指标共104项,其中营造健康环境的指标有43项,占所有指标的41.35%,其他依次为健康校园11项,提供健康食品10项,倡导健康婚育10项,追求健康生活9项,创建精神文明9项,普及健康锻炼6项,发展健康社区6项,并因地制宜开展了一批特色项目,如健康里弄、健康军营、健康校园和健康企业等。同时,上海市将社区、单位和家庭作为健康城市建设的新一轮重点。上海2006—2008年健康城市行动计划,在满足百姓最迫切的健康需求——"医、食、住、行"的基础上,将食物质量检测、科学行为规范和心理卫生等因素列入指标体系,该指标体系包括完善健康服务(9项)、保障食品健康(4项)、营造健康环境(20项)、发展健康场所(6项)四大类,并在每项指标后加上了主管单位和协作部门的名称,明确了指标体系实施过程中的责任问题。在相继实施两轮行动计划后,2007年,上海和上海闵行区七宝镇成为全国建设健康城市(镇)试点。2009—2011年计划是上海健康城市行动计划的第三轮,适逢举办2010年世博会,该轮行动计划的主要任务是营造健康环境、完善健康服务、加强健康管理,具体指标分为社会指标和工作指标。社会指标包括人均期望寿命(岁)、婴儿死亡率(‰)、孕产妇死亡率(1/10万);工作指标包括健康环境(21项)、健康人群(15项)、健康场所(5项)。2012—2014年计划是上海健康城市项目的新一轮计划,根据《上海市国民经济和社会发展第十二个五年规划纲要》和《上海市健康促进规划(2011—2020年)》指定的要求,从倡导全民健康生活方式、干预影响人群健康的危害因素入手,确定重点推进活动、主要任务和工作评价指标,明确涉及区县和职能部门责任,旨在通过健全和完善健康城市的工作框架体系,进一步提高城市的环境健康水平和市民的健康素养。具体任务为[1]:

1) 人人健康膳食行动(4项),包括每日盐摄入量知晓率(%)、每日油摄入量知晓率(%)、市民食品安全健康知识宣传率(%)、食品安全知晓率(%);

2) 人人控烟限酒行动(3项),包括公共场所吸烟率(%)、执法部门处罚案例增加率(%)、过量饮酒危害健康知晓率(%);

3) 人人科学健身行动(2项),包括健康步道、百姓健身房(个);

4) 人人愉悦身心行动(2项),包括市民心理健康基本知识知晓率(%)、社区心理健康指导点覆盖率(%);

---

[1] http://www.shanghai.gov.cn/shanghai/node2314/node25307/node25455/node25459/u21ai575267.html.

5）人人清洁家园行动（7项），包括国家卫生区年创建数（个）、国家卫生镇年创建数（个）、城镇污水处理率（％）、空气质量（API）达到和优于二级天数占全年比例（％）、机动车环保检测覆盖率（％）、年公共绿地调整改造量（面积）和年创建林荫道路（条）。

四、生态城市指标体系研究（中国低碳生态城市发展战略）

由中国城市科学研究会主编的《中国低碳生态城市发展战略》一书指定了生态城市指标体系（表 4-5），以下简称为低碳生态城市指标体系。

表 4-5　低碳生态城市指标体系

目标项	编号	指标项	目标综合标准	2020年标准
生活水平指数	E1	人口预期寿命（岁）	75	80
	E2	人均工资（元/年）		
	E3	绿容率	1.5	1.8
	E4	人口平均教育年限（年）	10	14
	E5	上下班合计通勤时间小于1小时的比例（％）	85	95
	E6	公众社会服务满意率（％）	90	95
资源节约水平指数	E7	雨水利用率（％）	10	
	E8	中水回收率（％）	20	
	E9	日人均生活水耗（L）	150	
	E10	工业用水重复利用率（％）	80	
	E11	单位GDP能耗（标煤/万元）		0.4
	E12	工业固体废物综合回收率（％）	90	
	E13	绿色出行所占比例（％）	70	90
	E14	绿色建筑比重（％）	10	30
产业健康指数	E15	第三产业GDP比重（％）	50	
	E16	高新技术行业占工业产值比重（％）		
	E17	R&D经费占GDP比重（％）	3	5
	E18	通过ISO 14000认证或评为绿色行业的企业比例（％）	95	100

续表

目标项	编号	指标项	目标综合标准	2020年标准
环境友好指数	E19	年人均二氧化碳排放量(t)	1.8	
	E20	清洁能源占总能源的比例(%)	5	20
	E21	城市污水处理率(%)	70	100
	E22	城市生活垃圾无害化处理率(%)	90	100
	E23	工业废水排放达标率(%)	95	100
	E24	单位GDP固体废物排放量(千克/万元)	0.3	0.1
	E25	公众对环境的满意率(%)	90	
	E26	城市噪声达标区覆盖率(%)	75	
社会和谐指数	E27	城市人口失业率(%)	5	
	E28	基尼指数	0.3~0.4	0.25~0.35
	E29	刑事案件发生率(‰)	5	3
	E30	社会保险综合参保率(%)	85	100
	E31	廉价房和经济适用房比例(%)	15	
	E32	无障碍设施率(%)		100
	E33	失业、低收入群体综合救济率(%)		100
	E34	农民人均纯收入比城镇人均可支配收入		
生态文化指数	E35	生态环境保护宣传教育普及率(%)	80	100
	E36	参与社区组员运动的居民人数(%)	60	80
	E37	环保投资占GDP比重(%)	2	3

资料来源：中国城市科学研究会.中国低碳生态城市发展战略[M].北京：中国城市出版社，2009.

第二节 国内外生态社区指标体系研究

吴良镛院士在《人居环境科学导论》一书中将人居环境科学范围定为"全球、区域、城市、社区和建筑五个层次"[①]。有了生态社区，才会有城市的

---

① 吴良镛.人居环境科学导论[M].北京：中国建筑工业出版社，2011：50.

形成。通过生态社区可以看到人类居住环境,房屋质量的好坏程度。而通过生态社区的反应折射出来的居住问题,也可以带动社区在居住环境和建筑房屋等方面得到更好的发展。从宏观层面和微观层面来说,世界各地生态城市指标体系和绿色建筑评价体系日渐成熟,而中观层面的生态社区评价指标体系研究,到目前还未形成一套成熟、完整且可全面推广的评价体系[1]。我们应该借鉴美国的 LEED.ND 社区规划与发展评价体系和英国的 BREEAM Communities 可持续社区评价体系,来完善我国的环境评价体系,将社区也纳入评价体系范围内。

一、国外社区指标体系研究——英国 BREEAM Communities 可持续社区评价体系

BREEAM Communities 是 BREEAM(建筑研究所环境评估法)的一个子系统,主要针对社区的评价。因为 BREEAM(建筑研究所环境评估法)已经被广泛应用并得到认可。所以这个子系统是一个独立的评估标准。这项体系可以旨在保护社区环境,在建筑发生的同时不影响社区在经济、社会等方面的持续发展。因为它是基于绿色建筑评价系统而形成的,它也具有相应的意义,即让社区居民和建筑相关人员都能深刻地认识到保护环境的重要性,从而达到建筑环境不被破坏并且持续发展的情况下社区的可持续发展计划也得到顺利进行。

BREEAM Communities 评价得分的标准是实际与预期标准之间的对比差距。体现在以下 8 个方面:气候与能源、资源、交通、生态、商业、社区、场所塑造和建筑(表 4-6)。在评估过程中,必须所有指标都达到规定的最低分才算及格,最低分是根据国家政策拟定的,及格以后,该项目才能继续进行。总分的评定也是比较慎重的,因为不同区域存在差异性,特别在每个区域都设定了该区域的权重因子,只有在分数和权重因子相乘之后才能得到最终的单项分数。最后单项分数的总和才是最终分数。为了对突出的项目给予表彰,BREEAM Communities 特别设立了创新评分[2]。创新评分越多,项目实践的可能性越大,社区的发展空间也就越大。表 4-7 为 BREEAM Communities 指标评价体系。

---

[1] 于一凡,田达睿.生态住区评估体系国际经验比较研究——以 BREEAM Communities 和 LEED-ND 为例[J].城市规划,2009(8):59—62.

[2] 创新评分的多少与最终 BREEAM 等级无关,即任何 BREEAM 等级项目均可获得。

表 4-6 BREEAM Communities 评价体系目标项

评价内容	目标
气候与能源	保证气候环境和项目的开发相互不受影响和牵制
资源	项目设计需要考虑在项目建造、运行和拆除过程中有效利用水、材料和废弃物,选择全寿命周期环境影响小的材料
交通	关于居民怎样到达相关基础设施及想去的地方,给居民提供私人汽车之外的其他选择,鼓励步行和骑自行车等健康的生活方式
生态	保护基地生态环境,努力提高开发项目内部及周围生态环境
商业	为当地商业发展提供机会,同时为开发项目的居民及周边人员提供工作岗位
社区	开发项目能够与周围相结合,成为有活力的新社区,避免形式或者感觉上的"封闭"社区
场所塑造	注重项目的可识别性,确保人们能够轻易地分辨周围道路,同时确保尊重当地历史和文脉
建筑	提高单体建筑的环境标准,使单体建筑设计能够对整体项目开发的可持续性作出贡献

资料来源:作者整理来自 BREEAM Communities Technical Guidance Manual。

表 4-7 BREEAM Communties 指标评价体系
（带★标志项为有强制性—最低得分评价项目）

气候与能源	评价目的
★洪涝灾害评价	确保选址和开发考虑了洪水灾害,并且采取了相应措施
★地表径流	减少开发区域及毗邻区域的洪涝灾害
降水可持续排水系统	确保屋顶空间得到有效利用以减少用水需求及减少地表径流
降低热岛效应	在开发过程中降低热吸收,从而降低过热的发生率并减少主动制冷的需求
★能源节约	通过能效设计与管理提高开发项目的综合效率
★现场可再生能源利用	促进可再生能源的开发以减少化石能源的使用和 CO_2 的排放
★未来可再生能源	对现阶段没有提供可再生能源的项目为将来主动太阳能技术的运用提供条件

第四章 生态城市社区评价指标体系的整合

续表

气候与能源	评价目的
基础设施服务	提供方便的基础设施服务,充分利用原有基础设施,并且为今后的发展留有余地
★水资源消耗	减少非饮用水的整体用水量。家庭浴缸、淋浴、盥洗设备及洗衣机与独立或者公共雨水回收系统相连使水资源能够循环利用
社区设计	评价目的
★包容性设计	通过鼓励建造无障碍的和可变的设计以能够满足当前和未来居住者要求
★公众咨询	推动公众参与到社区设计中,以确保他们的需求、想法和意见被考虑进去,提高项目的质量和接受度
★使用者手册	鼓励可持续的行为方式和生活方式,为每座住宅或者居住单元提供了相关信息,帮助居住者尽快适应当地生活
社区管理与运行	保证社区设施能够得到维护,并且能够使社区居民有主人翁意识
场所塑造	评价目的
★土地资源优化利用	区分不同的土地性质,节约利用和高效利用土地
土地再利用	鼓励使用开发地和褐地
建筑再利用	鼓励对旧建筑进行修复与再利用
尊重当地环境	确保尊重场地的原有特色,通过恰当的定位和设计随时随地尽可能地提高当地环境
★空间美学	确保开发项目在美学上和建筑上都是有吸引力的
公共绿地	确保公众能够方便地使用高质量的公共绿地
★当地人口特征调查	确保开发项目能够吸引反映当地人口发展趋势和重点的不同层次的人群
★可负担住宅	预防社会不公平现象,通过项目开发与社会性住宅的结合促进社区的社会融合,可负担住宅在外观和分布上与整体项目开发完全结合在一起
安全设计	认可并且鼓励在新开发项目中采用可以有效减少犯罪机会和恐惧感的设计手段
街道积极空间	通过积极空间的设计鼓励步行方式,使场所充满活力
过渡空间	创造能够明确区分公共与私人空间的过渡性空间

续表

气候与能源	评价目的
生态与生物多样性	评价目的
★生态调查	确定基地及其周围生物栖息环境的生态价值以保持并提高其生物多样性,保护现有的生态环境
生物多样性保护	保护并且提高基地的生态价值及现存的生物栖息地
本地植物	确保指定种植的乔木及灌木可以为基地生态价值的提高作出贡献
交通运输	评价目的
公共交通运输能力	鼓励使用公共交通
公共站点易达性	保证与当地中心和固定交通枢纽相联系的方便快捷的公共交通工具的实用性,居住者能够安全地步行到达交通服务站点
公共设施	通过提供安全的、不受天气影响的候车设施提高公共交通使用的次数
公共服务设施易达性	将生活必需服务设施设计在合理的步行距离之内,以减少对小汽车的需要
自行车路网	鼓励短途使用自行车替代小汽车,同时减少对犯罪的恐惧感
自行车设施	通过在当地服务设施及交通枢纽的周围设置安全的自行车服务设施,鼓励短途使用自行车替代小汽车,同时降低对犯罪的恐惧感
汽车共用	降低居民对小汽车的依赖性
多功能停车场	确保开发项目提供的超出最高停车需求的停车面积还可以作为其他功能的灵活空间
★减少停车面积	降低汽车停车等级,鼓励使用公共交通或其他出行方式
生活化宅前道路	在保留车行道的同时保证居民在住宅周围的安全活动空间
★交通影响评价	考虑开发项目对现有的交通基础设施和社区的影响
资源	评价目的
★采用低环境影响的材料	在建造过程中使用的低环境影响的或者是可持续、可再生的材料的比例
使用当地材料	鼓励使用当地材料,提升建设过程中本地材料的比例
交通设施建设使用可回收材料	在道路、铺地、公共空间、停车场建造过程中提高本地可再生材料的使用比例
有机垃圾堆肥处理	促进提高厨房和花园或者景观的有机废物堆肥处理水平

续表

气候与能源	评价目的
水资源管理总体规划	在基地总体规划中加入可持续的水资源利用策略
自然水体污染预防	确保项目开发没有对蓄水层或地下水造成污染,没有对水源供应造成不利影响
商业与经济	评价目的
区域优势商业	迎合当地区域经济政策规定的优势商业类型以促进商业的发展
就地就业(劳动力与技能)	确保项目开发可以为区域复兴计划作出贡献
增加就业机会	通过新的商业项目或者开发项目的长期维护管理为当地提供额外的永久性工作机会
经济活力(新型商业)	新的商业类型能够提高或保持现存商业的生存能力
吸引投资	吸引外部投资以提高经济福利
建筑	评价目的
★居住建筑评价	所有的建筑经过可持续住宅标准(生态之家)的评价
★非居住建筑评价	所有的建筑都经过了相对应类型建筑评价体系的评价
创新	评价目的
创新性的设计	采用了 BREEAM 评价体系中目前没有涉及的可持续策略

资料来源:作者整理来自 BREEAM Communities Technical Guidance Manual。

二、国内社区指标体系研究

社区建设是关系到国计民生的重大项目,一直深受国家相关管理部门和商业协会组织的重视和关注,自 20 世纪 90 年代起,制订了众多的设计标准和技术导则,为社区的建设和发展提供了衡量标准,如表 4-8 所示。

同时,全国各地区分别根据当地特点制订了相应的地方性生态居住区(生态住宅)建设技术规范,如北京市、上海市、天津市、山东省和广东省等在生态住宅建设示范项目上各地进行了有益的探索。

表 4-8　国内社区评价指标体系

时间	评价体系
1999 年	原建设部颁发建住房[1999]114 号文件《商品住宅性能认定管理办法》
1999 年	国务院办公厅转发原建设部等 7 部门《关于推进住宅产业现代化提高住宅质量若干意见》
2001 年	国家住宅与居住环境工程中心发布《健康住宅建设技术要点》
2001 年	原建设部住宅产业化促进中心正式颁布《绿色生态住宅小区建设要点与技术导则》
2001 年	全国工商联住宅产业商会公布《中国生态住宅技术评估手册》
2004 年	原建设部住宅产业化促进中心制订《国家康居示范工程建设技术要点》
2005 年	原建设部住宅产业化促进中心发布《住宅性能评定技术标准》
2006 年	原建设部和国家质量监督检验检疫总局发布《绿色建筑评价标准》
2007 年	国家环境保护总局出台《环境标志产品技术要求:生态住宅(住区)》
2010 年	住房和城乡建设部住宅产业化促进中心颁布《省地节能环保型住宅国家康居示范工程技术要点》
2011 年	全国工商联房地产商会和北京精瑞住宅科技基金会发布《中国绿色低碳住区技术评估手册》

第三节　健康生态社区评价体系的构建思路

对于社区生态系统,国内外统一的研究思路是确定从单体生态研究走向整体生态研究,从单纯定性分析方法和单纯定量计算方法走向定性与定量相结合的综合性研究方法的发展趋势。为更好地将健康生态社区评价的理论研究融入实践应用中,必然离不开其指标体系研究。同时,社区要顺利规划、建设、运营管理方面的工作,也需要指标体系研究这一重要的技术,指标体系的构建,旨在促进社区发展模式向健康生态转变,建立评价和描述健康生态社区的可度量指标集合,为社区建设发展的有效控制和规范管理提供重要的参照标准。

一、生态系统健康的研究进展概述

生态系统健康概念的提出,最早可追溯到20世纪80年代。在其基本概念、评价方法与指标体系、类型评估与实践等的研究中,国内外的研究盲点就是生态系统健康的研究。

细化生态系统健康概念,可以看出基本思路就是基于生态系统自身和基于服务人类。

但对于生态系统的定义,各执一词。早期人们视生态系统为一个有机整体,认为生态系统健康是指生态系统具有保持内外稳定的能力和受到外界干扰后的恢复能力[1]。1941年奥尔多·利奥波德(Aldo Leopold)率先提出"土地疾病"的概念,认为内部的自我更新能力是土壤生态系统健康的表现,系统健康应与个体健康一样被看待[2]。卡尔(Karr)等[3]指出自我实现内在潜力是生态系统健康的标准,健康的生态系统具有抗击干扰的自我修复能力和最低的外界支持。拉波特(Rapport)[4]认为生态系统健康与人类健康具有相似性,其定义可根据人类健康的定义进行演绎,他曾用医学术语"为自然把脉""临床生态学""自然病症监测"来突出生态健康和人体健康的相似度。哈斯克尔(Haskell)等[5]认为生态系统的可持续性、稳定性、恢复力和自主性是其健康和抵抗疾病困扰的必要条件。佩奇(Page)[6]认为健康是系统内部之间、系统与外界之间的和谐关系。科斯坦萨(Costanza)从生

---

[1] Odum E P. Perturbation theory and the subsidy-stress gradient Bioscience,1979,29(6):349-352.

[2] Ehrenfeld D. People and nature in the new millennium[DB/OL]. Oxford University Press,1993 http://danenet wicip orglgisedu/homepage/health/integrative.htm.

[3] Karr J R,Fausch K D,Angermeier P L,et al. Assessing biologicalintegrityin runningwaters:Amethod andits rational Champaign:Illinois Natural History Survey,1986.

[4] Rapport D J. What constitutes ecosystem health? Perspectives in Biology and Medicine,1989,33(2):120—132.

[5] Haskell B D,Norton B G,Costanza R. What is ecosystem health and why should we worry about it? //Costanza R,Norton B G,Hashell B D Ecosystem health:New goals for environmental management. Washington D C:Island Press,1992:3—20.

[6] Page T. Environmental existentialism//Costanza R,Norton B G,Hashell B D. Ecosystem health:New goals for environmental management. Washington D C:IslandPress,1992:97—123.

态系统自身提出了生态系统健康的概念:(1)健康是生态内部稳定现象;(2)没有疾病;(3)多样性或复杂性;(4)稳定性或可恢复性;(5)有活力或增长的空间;(6)系统要素间平衡。他认为如果一个生态系统可以做到这6个方面,那么它就是一个健康的生态系统[1]。

生态系统健康的另一种概念是基于服务于人类。马高(Mageau)等[2]从人类获益的角度出发,健康的生态系统应该为人类社区提供生态服务,比如提供食物、饮用水、清洁空气、废物消纳和再循环能力,应具有恢复力、发展力和结构等特征;奥劳克林(O'Laughlin)等认为"健康的生态系统一方面为人类提供需求,另一方面也维持着本身的复杂性";博尔曼(Bormann)等认为"生态系统健康是生态可能性与人类需要之间的重叠程度";乔安娜·伯格(Joanna Burger)认为从生态系统本身而言,生态系统健康是指维持生态系统的结构和功能特征。广义的生态系统健康还可以引申为人的健康和福利等诸多方面。

现阶段,广义的生态学系统健康已经拓展到生态、社会经济和人类健康三方面。拉波特等将生态系统健康定义为"以符合适宜的目标为标准来定义的一个生态系统的状态、条件或表现",即健康的生态系统不仅应满足人类社会合理需求,还应具有自我维持与更新的能力[3]。

由于社区生态系统的健康,影响着人类生活的方方面面,所以其涵盖的内容包括人类的个体健康和"人—社区—自然环境"所组成的生态系统的健康以及社区生态系统为人类提供生态服务的健康。

人类健康实现的必经途径是生态系统的健康,而社区发展的方向就是实现人类和生态系统的双重健康。所以,一个健康的生态社区系统同样具有双方面的特色,即强调社区生态系统功能完整、格局合理、运营高效和关注生态系统具有不断为人类提供服务的能力,以及保障人类自身健康和社区的良好发展。

---

[1] Norton B G. A new paradigm for environmental management[G]//Costanza R, Norton B G, Hashell B D Ecosystem health: New goals for environmental management Washington D C: Island Press, 1992: 23−41.

[2] Mageau M T, Costanza R, Ulanowicz R E. The development and initial testing of a quantitative assessment of ecosystem health[J]. Ecosystem Health, 1995, 1(4): 201-213.

[3] Rapport D J, Bohm G, et al Ecosystem health: the concept, the ISEH, and the important tasks ahead. Ecosystem Health 1999(5): 82-90.

二、生态系统健康评价方法的引入

基于生态系统的多种变量特征,对于生态系统健康状况,国内外专家学者达成的一致观点是:可以从生态系统的活力、组织结构、恢复力和生态系统服务功能、管理选择、外部输入减少维持、对邻近生态系统的危害及对人类健康的影响 8 个方面来评价生态系统的健康状况[1],此分类法的研究主体是自然生态系统,表 4-9 在结合健康生态社区的定义、内涵和基本特征基础上,详述了生态系统健康评价的 8 个方面内容。

表 4-9 生态系统健康评价的 8 个方面

名称	具体内容
活力	活力是指能量或活动性,即生态系统的能量输入和营养物质循环容量,具体指标为生态系统的初级生产力和物质循环。在一定范围内生态系统的能量输入越多,物质循环越快,活力就越大,但能量越大的系统并不一定越健康
组织结构	组织结构是指生态系统结构的复杂性。系统的组织结构及其复杂性特征会随生态系统的演替而发生变化。但一般的趋势是,随着物种多样性及其相互作用(如共生、互利共生和竞争)复杂性的提高,生态系统的组织就越健康。胁迫生态系统一般表现为物种多样性的减少,共生关系减弱,以及外来物种的入侵机会增加
恢复力	恢复力是指生态系统维持结构与格局的能力,即系统在胁迫消失后逐步反弹恢复的能力,具体指标为自然干扰的恢复速率和生态系统对自然干扰的抵抗力。通过试验可以证明,受胁迫生态系统的恢复力弱于未受胁迫生态系统的恢复力
维持生态系统服务功能	这是指生态系统能维持对人类社会提供服务功能,如涵养水源、水体净化、提供娱乐、减少土壤侵蚀等。它越来越成为人类评价生态系统健康与否的关键要素。一般的胁迫将会从数量和质量上减少这些生态服务,而健康的生态系统将会更充分地提供这些生态服务

---

[1] Hancock T. Urban Ecosystem and Human Health A paper prepared for the Seminar on CIID—IDRC and urban development in Latin America,Montevideo,Uruguay [EB/OL]. http://www.idrc caflacro/docsdeonferencias/hancock html,2000－4－6.

续表

名称	具体内容
管理选择	健康的生态系统可用于收获可更新资源、旅游和保护水源等各种用途和管理，退化的或不健康的生态系统不再有多种用途和管理选择，而仅能发挥某一方面功能。例如，许多半干旱的草原生态系统曾经在畜牧放养方面发挥很重要的作用，同时由于植被的缓冲作用又会起到减少水土流失的作用；但由于过度放牧，这样的景观大多退化为灌木或沙丘，不再能承载像过去那样的牲畜量
减少外部输入	健康的生态系统为维持其生产力所需的外部投入或输入很少或没有。因此，生态系统健康的指标之一是减少外部额外物质和能量的投入来维持其生产力。一个健康的生态系统具有尽量减少单位产出的投入量（至少是不增加）、不增加人类健康风险等特征
对邻近生态系统的危害	许多生态系统是以影响别的系统为代价来维持自身系统发展的。如废弃物排放进入相邻系统，污染物排放，农田流失（包括养分、有毒物质、悬浮物）等都造成了胁迫因素的扩散，增加了人类健康风险，降低地下水质，丧失娱乐休闲功能。相反，健康的生态系统在运行过程中对邻近系统的破坏为零
对人类健康的影响	生态系统的变化可通过多种途径影响人类健康，人类健康状态本身可作为生态系统健康状况的直接反映。与人类相关且对人类影响小或没有危害的生态系统为健康的系统。健康的生态系统应该有能力维持人类的健康

认为一个社区生态系统健康与否取决于它是否拥有持续性、平衡性和品质性。如果社区生态系统具有旺盛的生命力、良好的自身及周边承载力支撑，并且具有正向演进的发展力，维系生态系统组织完善、格局合理的协调力，在外界压力、影响和胁迫下相对迅速还原（原有状态）的恢复力，以及高效循环、自给的循回力，那么本书定义该社区生态系统是健康的，这个社区也就是真正的健康生态社区。还选择生命力、承载力、发展力、协调力、恢复力和循回力作为社区生态系统的6个要素（表4-10），并针对每个要素的定义提出相应的指标，从而构建健康生态社区评价指标体系。

第四章 生态城市社区评价指标体系的整合

表 4-10 健康生态社区评价指标体系目标层

目标层		定义与注释
生命力	定义	社区作为一个有机生命体而言,其本体的、最初的自我维持生存的生产能力、基本代谢循环功能和活动性能。生命力是社区的根本属性(本质属性)
	注释	健康生态社区,因人而生,也因人而变,社区作为人的聚落,乃是生命体和"物"的一种聚集方式,是一种生态系统。社区的生命体特征是社区应该具有生命力的前提,健康生态社区是一种活跃的、极具生命力的人类聚居状态,它海纳百川,吞吐自如。社区生命力的概念本身既具有开放性和混沌性,还具有地域性、文化性和时代性
承载力	定义	保持社区生态系统健康、平衡的内在能力。具体是指:在不削弱社区生产能力的前提下,社区生态系统为人类各项活动以及生物生存能够持续提供的最大限度服务的能力
	注释	承载力原为物理力学中力的量纲,指物体不产生任何破坏时所能够承受的最大负荷,现在已成为最常用的表述发展限制程度的概念。本书所界定的社区承载力是指保持社区生态系统健康、平衡的内在能力,具体是指:在不削弱社区生产能力的前提下,社区生态系统为人类各项活动以及生物生存能够持续提供的最大限度服务的能力。社区承载力主要是衡量社区能否支撑自身的能力,是社区发展的基础条件,它不仅包括自然环境系统所能提供的服务和产品,还包括社区人工环境系统所能提供的服务和产品
发展力	定义	社区作为一个完整的生态系统,其中的物质流、能量流和信息流从小到大、从简单到复杂、从低级到高级的持续演变能力
	注释	在指标体系中,主要是指社区及其周边区域产业、商业的发展,以及社区建设维护状况,还包括社区健康和生态的发展方向
协调力	定义	能够使社区内外部宏观、中观和微观等各层面的关系共生和谐,配合得当
	注释	在尊重客观规律、把握系统相互关系原理的基础上,为实现系统演进的总体目标。通过建立有效的运行机制,综合运用各种手段、方法和力量,依靠科学的组织和管理,使系统间的相互关系达成理想状态的过程

续表

目标层		定义与注释
恢复力	定义	社区的生态系统维持其内在结构及格局的能力,即系统受干扰侵袭后,通过自身良性代谢、循环应对外界压力,纠正不良影响,恢复其内在功能,以及减轻或者一定程度预防外界负面刺激的能力
	注释	恢复力"resilience"一词源于拉丁文"resilio",其本意为跳回的动作。从纯机械力学概念理解,恢复力是指材料在没有断裂或完全塑性变形的情况下,因受力而发生形变并存储恢复势能的能力;在《韦氏字典》中,恢复力又被引申理解为从不幸或变化中适应或恢复的能力
循回力	定义	能够演变成为一个"自给自足"的良性循环系统,使社区生态系统各层级均具备不断自我完善和演进的能力
	注释	在处理人、社区和自然关系的时候,使之达成一种相济的和谐状态,让自然资源源源不断地为社区发展提供能量,并随着社区的发展回报自然,成为自然环境最有利的保护者,发展一种良性的循环。在技术层面上,社区各系统能实现物质流和能量流的循回,最大限度地提高资源利用效率,体现了健康生态社区的发展方式

第五章　生态城市绿色交通规划应用技术

第一节　生态交通规划的理论基础

一、低碳生态交通的内涵

(一)低碳交通

"低碳"概念的提出源自人们对全球气候变暖问题的关注,其核心是减少温室气体(以二氧化碳为主)的排放。低碳交通是低碳社会建设的重要组成部分,以"碳"为主体,主要关注交通排放带来的气候变化及其相关问题,基本要求是以合理保障交通服务水平为前提,尽可能减少碳排放。交通"低碳"主要涉及交通设施的建设、运行、维护等多个环节。

1. 建设低碳

(1)低碳建设模式

交通基础设施是支撑低碳交通的物质载体,合理的设施构成和有效的资源分配有利于引导低碳交通出行方式。主要包括三个方面:一是在交通基础设施建设的理念上,应优先考虑公共交通设施的设置要求,优先建设自行车和步行交通设施,鼓励公共交通、自行车和步行出行,在载体上保障能够实现以较少的碳排放完成更多人和物的流动;二是在交通基础设施建设规模和建设形式的选择上,应平衡考虑设施的功能性和经济性,在保证多种交通方式能够协调运行的基础上降低建设成本,避免资源和能源浪费;三是在交通基础设施建设的工艺和组织上,选择节能减排的技术手段,如设施建设与地形、地貌相适应,减少工程量和土方浪费,通过有效的防洪措施减少水土流失等①。

(2) 低碳建设材料

低碳材料指能够在确保使用性能的前提下降低不可再生自然原材料的使用量,制造过程低能耗、低污染、低排放,使用寿命长,使用过程中不会产生有害物质,并可以回收再利用的新型材料。低碳材料在生产、使用全过程中实现节能减排,是可持续的材料。交通基础设施建设需要消耗大量的建设材料,这些建设材料在生产和使用中均产生较高的能耗和碳排放,对生态环境和人们身体健康造成危害。在交通基础设施建设中推广低碳材料的使用十分必要,对低碳交通发展具有重要意义。目前,低碳材料在道路建设材料方面的运用较为广泛,如通过推广路面沥青再生技术,发展煤矸石路基材料和促进粉煤灰利用等,实现资源循环利用;通过发展温拌沥青技术、使用节能设备等,降低材料在使用过程中的碳排放量。

(3) 低碳施工管理

交通基础设施在建设过程中会产生大量的碳排放,通过采取绿色低碳的施工管理能够有效地节约资源、降低能源消耗,进而减少碳排放。低碳施工管理手段主要包括节材、节水、节能和节地四个方面:节材即提高材料资源的利用率,在材料的选择上采用就地或就近取材的原则,减少采集运输的消耗,在使用、运输的过程中加强管理从而减少材料损耗,尽可能使用耐用、维护与拆卸方便的周转材料和机具,做到重复使用、循环利用;节水即提高施工中水的利用效率,采用分类用水的方式,提高施工用水重复利用率;节能即提高施工能源利用效率,在能源类型的选择上尽可能选择利用效率高的能源,如天然气和电能等,使用行业推荐的节能和高效的机械设备,在施工组织设计中,合理安排工序;节地即提高土地的使用效率,施工区域尽可能紧凑布局,减小影响范围,少占周边用地,填、挖方尽可能做到就地平衡,减少土地的浪费。

2. 运行低碳

各种交通方式在运行中的碳排放强度差异大(表5-1)。随着全球性能源匮乏的不断加剧,以传统小汽车为代表的高能耗交通方式和发展模式已不能适应时代需求,步行、自行车和公共交通等绿色交通方式与传统小汽车相比具备显著的节能优势,从而成为低碳生态城市交通提倡的出行方式。

---

① 姜洋.低碳生态城市发展八原则[J].城市交通,2011(3):13.

第五章　生态城市绿色交通规划应用技术

表 5-1　不同交通方式的碳排放特征比较①

交通方式	小汽车	公共汽车	轨道交通	自行车	步行
碳氢化合物排放量 （g/100 人×km）	130	12	0.2	0	0
一氧化碳排放量 （g/100 人×km）	934	189	1	0	0

汽车燃油消耗与交通运行的顺畅程度密切相关(图 5-1)。根据相关研究，一般情况下，当车速低于 60～70km/h 时，燃油消耗水平与车速成反比。由于在城市道路交通条件下，车行速度一般低于 60～70km/h，因此提高车辆运行效率是实现节能减排的途径之一。

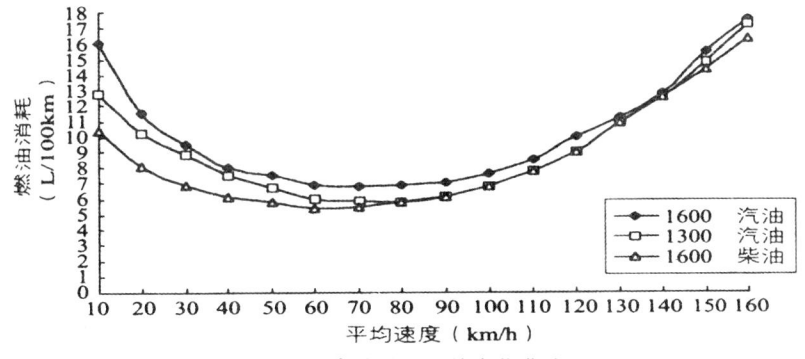

图 5-1　车速随油耗的变化曲线

交通管理通过科学的管理手段，调整交通方式结构、维护交通秩序、优化空间利用、提高运输效率，进而达到运行低碳的效果。交通管理技术包括系统管理和需求管理两类②。

(1) 系统管理

交通系统管理是通过一系列的交通规则和交通设施对交通流进行管制及合理引导，在时间和空间上重新分布交通流，有效避开交通阻塞时刻及阻塞路段，以达到缓解交通紧张状态，提升交通运行效率的目的。交通系统管理的具体措施包括节点交通管理措施，路段交通管理措施和区域交通管理措施三个层面。节点交通管理措施包括交叉口渠化、信号配时优化、非机动车和行人交通组织等；路段交通管理措施包括单向交通管理、变向交通管

---

① 陆建.当代世界城市低碳本位的交通战略[J].上海城市管理，2011(1)：47－51.
② 陆建.当代世界城市低碳本位的交通战略[J].上海城市管理，2011(1)：47－51.

理、专用车道管理等;区域交通管理措施包括区域信号控制系统、智能化区域管理系统、区域交通组织等。

(2)需求管理

交通需求管理是通过对交通源的政策性管理,包括控制、限制和禁止某些交通方式的出行,影响交通结构,削减交通需求总量,达到降低道路交通负荷、提高交通运行效率的目的。交通需求管理措施包括优先措施、限制措施、禁止措施、经济措施四个方面。优先措施主要是指鼓励公共交通和慢行交通发展的措施,如设置公交专用车道,公交优先信号或提高慢行路权等;限制措施主要针对运输效率低、能耗高或污染大的交通工具,现阶段主要针对机动车的保有量和使用进行一定的限制,包括车辆限购、停车泊位调控、拥挤收费等;禁止措施是指在一定时间及空间范围禁止某些交通工具行驶,如高峰小时禁行路段、单双号限行措施等;经济措施是通过经济杠杆调节交通需求,如提高中心区停车收费标准,征收高额拥挤费等以减少进入城市中心地区的机动车辆。

3.维护低碳

交通维护包括交通系统维护和交通设施维护两个方面:交通系统维护是对整个交通系统的维护,如道路系统、公共交通系统、交通管理系统等,保持交通系统的完整性,从而使系统内的交通运行保持总体高效,降低总体交通能耗和排放;交通设施维护是在具体交通设施使用过程中,对其进行日常维修、保养及保护的措施,如路基路面维护、交通辅助设施维护、轨道交通维护等,由于交通设施的使用往往持续几十年,对交通运行和交通排放影响深远,对交通设施进行有效的维护能够保障交通设施的完好性,确保交通运行顺畅,维持交通运行高效率,进而降低机动车运行中的能源消耗、减少碳排放。

(二)生态交通

生态交通以"自然"为主体,更多关注交通与环境、交通与自然的和谐,基本要求是尽可能尊重、利用而不是破坏原有的自然条件来建设交通设施,减少对自然生态的干扰。与低碳交通相比,生态交通更强调环境的制约性及环境保护的要求。

1.环境约束

(1)自然约束

交通设施的规划、设计应尽可能尊重河流、山体等现有自然地理条件,与地形、地貌特征相协调,减少土石开挖量,减少对生态环境的破坏。对于

第五章　生态城市绿色交通规划应用技术

通过名胜古迹和风景地区的交通设施，应注意保护原有自然和文化生态，其人工构造物应与周围环境、景观相协调。

（2）资源约束

交通运输是能源消耗的主要部门之一，主要包括对石油、天然气和煤等矿物燃料的消耗。根据相关研究，地球上的石油储量按目前消耗速度在乐观估计情况下只能维持大约150年的使用。目前机动车辆消耗是世界年开采石油量的近二分之一，而我国又是一个石油资源并不丰富的国家，近年来，随着我国经济社会的转型发展，交通运输的能源消耗占比还将增大，如何节约能源是交通运输行业面临的重要问题和任务（表5-2）。

表5-2　不同交通方式的出行能耗性比较

交通方式	步行	自行车	常规公交	常规公交（专用道）	轨道交通	私人小汽车
人均消耗水平 (kW×h)/(人×km)	0	0	0.12	0.09	0.05	0.29

交通运输也是占用土地资源较多的行业之一。据国土资源部调查统计，"十五"期间，全国共新增建设用地3 285万亩（1亩＝666.67m²），其中新增交通用地546万亩，占建设用地增量的16.62%。未来，随着我国城市化水平逐步增加和机动化水平的不断提升，交通对土地资源的消耗将会是一个长期持续增长的过程。因此，城市生态交通必须是一种紧凑型和集约化的交通模式，具备较高的用地经济性。有关研究表明，典型步行城市的道路面积率一般小于10%；典型公交都市的道路面积率一般小于15%；而基于汽车化的城市则需要30%的道路用地和20%的路外停车用地，交通设施用地的需求为其他模式的3～5倍[①]（表5-3）。

表5-3　不同交通方式人均占用道路资源比较　（单位：m²/人）

交通方式	步行	自行车	公共汽车	电车	轻轨	地铁	摩托车	出租车	小汽车
动态占地面积	0.8～1.2	5～8	1～2	1～2	0.5	—	8～15	10～20	15～25
静态占地面积	0.3	0.8	0.5～0.7	0.8～1.0	0.5	0.6	1.2～1.5	4～5	5～6

---

① 崔凤安.城市交通发展要节约利用土地资源[J].综合运输，2006(2)：27—31.

2. 环境保护

(1) 建设环保

建设环保包括建设过程环保及建设模式环保两个方面。建设过程环保主要是指在交通设施建设过程中应注重建设环境的保护和防尘、防噪，减少对居民、大气和水源等造成的不良影响。建设模式环保主要是指尽量采用低冲击开发模式，做到与大气环境、水环境和土壤环境等方面协调发展，减少交通设施建设带来的生态干扰和破坏。例如，低冲击开发模式道路将道路工程设计与水文设计相结合，综合采用入渗、过滤、蒸发和蓄流等方式减少径流排水量，使城市开发区域的水文功能尽量接近开发之前的状况，以减少径流污染及内涝。

(2) 可忽视的公害问题

这些环境影响治理难度大，成本高，因此对于运输环保，应贯彻防御为主、治理为辅的原则。一方面，通过制订法律、法规等进行源头控制，加强制旧车时限报废和征收交通污染税等；另一方面，通过使用低排放环保型车辆，设置防声屏障以限制噪声传播，加强道路绿化，交通工具安装减振设施等来降低运输过程中的环境危害（表5-4）。

表5-4 欧洲不同交通运输方式的污染成本比较 ［单位：ECU/(千人(t)·km)］[①]

污染类型	公路和城市道路			铁路		航空		水运
	小汽车	摩托车	公共汽车	客运	货运	客运	货运	货运
大气污染	22	0.6	1.8	0.6	0.2	3.5	1.1	0.5
噪声污染	15	4.4	1.9	0.9	1.2	2.1	0.7	—

3. 方式生态

生态不仅是规划、建设的理念，也是一种生活理念，代表着更健康、更自然、更安全的生活，是一种低成本和低代价的生活方式。简单理解，方式生态就是返璞归真地去进行人的活动，具体到交通行为上，就是转变依赖小汽车的出行模式，倡导公共交通、自行车和步行等低碳或无碳方式。

生活方式对交通工具的态度与选择具有重要影响，除了交通设施规划、建设应贯彻生态理念，还应强化宣传和教育，加强日常生活中的生态环保意识。

[①] City of Philadelphia Green Streets Design Manual. http://www.phillywatersheds.org/img/GSDM/GSDM_FINAL.20140211.pdE,2014-02-11.

(三)低碳生态交通

1.基本前提

低碳生态交通的核心目标是促进城市与交通的健康可持续发展,其规划和建设应统筹考虑经济社会发展需求与交通废气排放及生态环境保护之间的平衡(图5-2)。在追求低碳、生态发展的同时要兼顾交通效率、安全和舒适性的要求,满足现代化条件下的交通服务需求,脱离这个基本前提谈低碳、生态,是没有意义的。

首先,在交通效率、安全和舒适之间需要寻求平衡。交通发展应与经济社会发展水平相适应,在一定的经济社会水平下对交通效率、舒适性有着不同的要求,通常经济水平越高对交通效率、舒适性要求越高,而交通安全是交通效率与舒适的前提,在任何条件下都应保证基本的交通。其次,低碳生态交通在落实低碳、生态要求的同时也要统筹兼顾交通效率、安全、舒适的要求,低碳生态交通不是片面追求"零排放""零污染"而不考虑交通效率的要求和经济社会发展的需要,因此,我们需要在一定的经济技术发展水平条件下,寻求低碳生态交通与交通效率、安全及舒适的平衡,这个平衡是动态的,随着社会的进步、经济的发展需要不断地调整,更高的经济社会发展阶段在更高水平上达到平衡。

图5-2 低碳生态交通与交通发展要求统筹示意图

2.定义与内涵

低碳交通与生态交通在核心思想上具有一致性,都关注生态环境方面的问题,但生态交通相对于低碳交通来说,其内容更广泛,更综合;而低碳交通作为生态交通的子集,关注的问题更加具体,目标更加明确,对于解决城市交通的现实问题具有更强的指向性。正因为这种一致性和差异性的存在,使得整合低碳交通与生态交通成为必然,通过整合,一方面保证低碳生态交通在生态交通范畴的全面性和方向性,坚守生态底线;另一方面使得低碳生态城市的目标更加具体化和明确化,更便于衡量并实施具体措施(表5-5)。

综合考虑低碳交通和生态交通的共性与差异,统筹兼顾交通发展对安全、效率和舒适的要求,低碳生态交通的定义如下:以满足现代化条件下民众交通服务需求为前提,尽量减少碳排放,提升人居环境水平,实现交通与资源、交通与环境、交通与社会的协调发展。

表5-5 低碳交通、生态交通及低碳生态交通的内涵比较[1]

层面	低碳交通	生态交通	低碳生态交通
功能内涵	削减碳排放、减少交通对环境的负面影响	交通与自然环境形成的共生系统	通过实现低碳化、生态化、使交通成为自然生态系统中的组成部分
经济内涵	以低碳经济为核心,强调交通经济过程中的节能减排	以循环经济为核心,强调交通经济过程中各要素的循环利用	以循环经济为主要发展模式,实现交通经济的"低碳化"和"生态化"发展
社会内涵	提高出行者的社会环境意识,减少交通碳排放	以生态理念指导人的交通行为,协调交通活动与自然生态系统的关系	在交通系统中倡导"生态文明",提高全社会生态意识,通过低碳排放的交通活动,实现交通系统与自然生态系统的融合
空间内涵	强调交通空间的紧凑性、复合性	强调交通空间的紧凑性、多样性、共生性	综合了交通空间的多样性、紧凑性、复合性、共生性

3. 价值体系

根据以上定义与内涵的剖析,按照低碳生态城市交通的理念,城市交通规划应摒弃传统单纯以交通效率优先为目标的规划方法,从而形成新的价

---

[1] 王雪.交通运输的可持续发展[J].黑龙江交通科技,2010(7):215-217.

值体系:在保障交通安全运行环境的前提下,将交通减量作为第一位,通过交通与土地利用的一体化协调,实现交通出行总量的减少;交通方式为第二位,优先发展慢行交通和公共交通,提高绿色交通方式的比例;运行效率为第三位,建立一体化的综合交通系统,提高道路交通运行速度,减少拥堵;舒适度为第四位,与城市生态体系、景观风貌相协调,提高交通环境品质;多选性为第五位,增加交通方式的多样化,满足不同出行需求,保持交通系统平衡。

需要指出的是,低碳生态交通具有一定的阶段性,在不同的经济社会发展水平及交通发展模式下,低碳生态交通的发展目标也有所差异。

二、低碳生态交通规划的主要任务

(一)布局协同

布局协同主要是指交通设施与土地利用一体化布局,发挥交通引导作用,促进空间利用集约,实现交通减量,主要包括三个层次[①]:面——城市交通分区与功能分区的一体化,线——交通走廊与城市发展轴线的一体化,点——城市客运枢纽与城市中心体系的一体化。(1)城市交通分区与功能分区的一体化。城市交通分区应明确不同区域的公交、路网和停车设施供给政策,引导不同区域城市功能的塑造;城市功能分区也应与交通分区相对应,在密度、高度和混合度等方面形成区域差别化布局,如划定密度分区、高度分区等。(2)城市交通走廊与发展轴线的一体化。城市交通走廊的建设改变沿线土地空间可达性,影响到不同性质的土地利用及土地价格等。应协调交通走廊类型、等级与沿线土地利用性质、开发强度的关系,促进交通与城市空间的协调。对于客流走廊,应重点关注与城市居住用地、公共管理和公共服务设施用地、商业服务业设施用地的协同关系;对于货流走廊,应重点关注与城市工业用地选址、物流仓储用地布局的协同关系。(3)城市客运枢纽与城市中心体系的一体化。城市中心的商业、商务、办公等人流需求量较大,对交通便捷条件特别是公共交通的依赖程度很高,需要交通枢纽的支撑服务;交通枢纽有多种交通方式集结,也需要客源条件提供运营保障。城市中心的等级、功能应与枢纽的等级、功能相匹配,使城市中心的交通需

---

① 沈清基,安超,刘昌寿.低碳生态城市的内涵、特征及规划建设的基本原理探讨[J].城市规划学刊,2010(5):48—57.

求与客运枢纽的疏解能力相互支持,相得益彰。

(二)方式优化

交通运输系统的结构模式与主导运输方式的选择决定了社会资源和能源消耗数量与系统效率水平。低碳生态城市交通是满足资源节约和环境友好要求、服务大众且符合可持续发展目标的交通模式,反映在交通方式结构上,必然是以公交、慢行等集约化的绿色交通方式为主导,以清洁化的新能源交通方式为补充,同时允许小汽车等高能耗交通方式的合理存在,从而形成具有能耗、排放、污染等综合比较优势的交通模式。目前,国内的一些低碳生态试点城市将交通方式结构作为规划的核心目标。例如,苏州工业园区提出绿色交通出行分担率达到80%,中新天津生态城更是提出绿色交通出行分担率不低于90%;2011年住房和城乡建设部低碳生态试点城市考核评价征询标准中,提出绿色交通出行比例不低于65%。为达到实现低碳交通的目标,对交通运输结构进行优化,需要进行多方式组合与互补,优先发展低碳运输方式,但并不代表一味选择能耗排放低的网络和运输,而要根据各种运输方式的技术经济特征和经济社会发展水平等方面来综合决定。

三、规划任务对方法与技术的需求

科学的规划需要科学的判定标准、方法和技术的支撑。低碳生态城市交通规划涉及的内容很多,本书着眼于城市客运交通体系,按照低碳生态交通规划任务的要求,重点围绕两个问题来构建低碳生态的城市交通规划方法与技术体系:一是如何落实低碳生态的城市交通规划要求。近年来,公交优先、慢行友好、停车调控等理念相继提出并得到了一定的实践,但如何从理念、做法提升为方法,以更科学、规范地指导规划是面临的首要问题;二是如何利用低碳生态理念服务于一些重大基础设施、基础政策的制订。本书重点阐述其中对实现低碳生态交通影响最大、效果最好的方法和技术,具体包括优先型的城市公共交通规划方法、友好型的城市慢行交通规划方法、调控型的城市停车设施规划方法、协调型的城市道路网络规划方法和便捷型的城市交通枢纽布局规划方法五种规划方法,以及交通与土地利用一体化的规划分析技术、交通政策分区技术、交通方式结构优化技术和交通走廊定位及配置技术四种分析技术。低碳生态城市交通规划的主要任务与所需方法、技术的对应关系如图5-3所示。

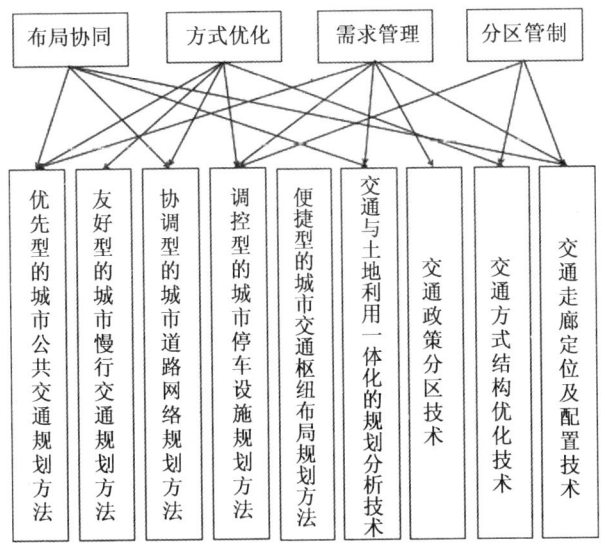

图 5-3 低碳生态交通规划的方法与技术体系结构

四、低碳生态城市交通规划的理论支撑

(一)城市交通体系规划的发展历程

1.我国城市交通规划发展概要

我国城市交通规划作为专门的应用学科从起步发展至今已有大约40年的时间,可大致划分为四个阶段(表5-6)。

表 5-6 我国城市交通规划发展阶段的特征总结

发展阶段	主要特点	发展阶段的客观和理性	发展阶段的主观局限性
交通规划起步阶段	城市经济快速复苏,特大城市交通问题开始出现,交通规划作为一门独立的学科设立,基础理论和技术方法主要依靠从国外引进,开始在大城市开展交通调查	通过在大城市开展交通调查,了解居民出行特征,并通过引进国外的基础理论和技术方法培养我国专业技术人才,为解决我国城市交通问题奠定基础	在交通问题开始出现后才开始了解城市交通问题,探索城市交通问题的解决方法,城市交通规划已经落后于城市经济和城市建设的快速复苏与发展

续表

发展阶段	主要特点	发展阶段的客观和理性	发展阶段的主观局限性
工程思想主导规划阶段	城市化和机动化快速发展,交通供需矛盾突出。开展了大规模的城市交通基础设施建设,其中又以城市道路建设为中心;城市综合交通规划以城市道路交通系统规划为核心,主要任务是提高道路系统容量,满足日益增长的机动化交通需求,以"车本位"思路为主	由于交通设施不足、交通工具落后单一、交通需求不丰富,为了填补交通建设历史旧账和适应当时发展需要,大规模的交通基础设施建设对于缓解眼前的供需矛盾、促进城市经济发展和城市建设具有积极作用	在面临比较急迫的交通设施供需矛盾时,通过交通基础设施建设着眼于解决眼前问题,以"车本位"思路为主,对其他交通方式重视程度不够,未能建立综合交通体系。另外,城市交通建设主要是追随城市建设,满足城市建设需求,对交通引导城市发展考虑较少
综合交通体系初步形成阶段	随着经济持续快速发展,城市交通问题的复杂性和改善的难度加大,交通需求持续增加,单独依靠以道路建设为中心的交通基础设施建设已经难以解决城市交通问题,专家、学者开始关注城市各交通方式之间的关系,以及各交通方式与外部环境的相互影响,并在规划实践中应用交通规划的基本原理、定量化模型预测技术	由于城市交通问题更加复杂,交通需求持续增加并呈现多样化趋势,以道路建设为中心的交通基础设施建设作用有限,只有通过构建综合交通体系,协调各交通方式,满足多样化的交通需求才是解决城市交通问题的正确方向,并且随着城市规模的扩大,交通问题的复杂性增加,只有借助专业化的交通模型和软件为辅助才能制订有效的规划方案	虽然注意到交通系统与外部环境的相互影响,但是主要还是关注综合交通体系本身,致力于解决城市交通问题

续表

发展阶段	主要特点	发展阶段的客观和理性	发展阶段的主观局限性
城市与交通综合协调阶段	城市化、机动化进程步入高速发展期,小汽车出行比例增长迅猛,交通拥堵问题日益凸显,强调交通的可持续发展,促使城市交通与城市经济社会、空间结构、资源环境等协调发展。"以人为本"成为城市交通规划、建设、管理的根本宗旨	城市交通拥堵问题的日益凸显和发展模式的不可持续性,需要在科学发展观的指导下,促使城市交通与城市经济社会、空间结构、资源环境等方面的协调发展。城市交通问题变成社会各界广泛关注的一个社会问题,"以人为本"的理念保证了交通的社会公平性	开始探索交通与外部影响因素的相互协调,但是缺乏系统性和具体的措施与技术方法

2. 传统城市交通规划理论的不足

传统城市交通规划的主要内容是根据交通 OD 调查和交通需求预测,制订交通规划方案和进行规划方案评价,其一般规划流程为:交通现状调查数据分析和交通需求预测("四阶段法")确定交通规划方案。交通预测模型是传统交通规划理论的重中之重,俗称"四阶段法",占据了交通规划理论的大部分内容。经过不断的发展与完善,城市法交通规划已经形成了一套比较成熟的、系统的理论与方法,但是传统交通规划理论与方法仍然存在诸多不足之处,以下主要针对本书研究对传统交通规划理论的不足之处进行简要阐述。

(1)传统"四阶段法"交通需求预测有待改进

1962 年,美国芝加哥城市交通规划中首次应用了"四阶段法"进行交通需求预测,该方法在交通规划领域一直处于主导地位。近些年来,在应用数学和计算机等科学技术的推动下,"四阶段法"也不断发展和完善。

但"四阶段法"注重解决城市交通问题,未能有效建立城市交通对城市空间、土地利用、人口和就业岗位分布等因素的反馈机制。"四阶段法"将未来经济社会、城市空间结构、土地利用、人口和就业岗位分布等作为输入量进行预测,是在这些因素"确定"之下的规划方法。一方面,这些因素较小的偏差都可能对"四阶段法"交通预测的准确性造成较大影响,城市未来发展的不确定性、交通调查数据质量的有效性等在现实中很难得到保证,使得"四阶段法"的应用效果降低;另一方面,"四阶段法"并未建立交通对城市空间结构、土地利用、人口和就业岗位分布的反馈过程,即不能很好地实现交通与土地利用、交通与人口和就业岗位分布等的联合优化。

(2)交通体系方式多样化促使交通规划方法的改进

随着经济社会发展,城市公共交通、小汽车交通得到了快速发展,轨道交通也呈现出突飞猛进发展的态势,综合交通体系由单一方式为主向多样化方式发展。虽然近年来综合交通规划体系逐步完善,但是以小汽车交通为主导的交通规划理念根深蒂固,且大容量快速轨道交通对城市发展的影响机理与小汽车的影响存在根本区别,基于小汽车交通的综合交通规划技术方法已越来越不能适应城市总体发展和新的综合交通体系发展的要求,综合交通规划的理念与方法、综合交通规划与城市总体规划、城市土地利用规划之间的互动发展面临新的挑战。以小汽车交通为主导城市综合交通规划思路必须向以公共交通为主导的城市综合交通规划思路转变,并且在深入分析公共交通对城市发展机理的基础上,建立公共交通与城市发展的耦合模式。

(3)交通系统与外部环境、资源的互动机制的缺乏

传统城市交通规划方法重点对交通规划方案进行运行方面的评价,没有将交通环境容量、交通能源消耗等纳入交通规划的过程中,没有建立交通、环境资源供给与交通需求之间的互动机制。

总体而言,传统城市交通规划在本质上是城市交通工程学意义上的规划,而低碳生态的交通规划理论正是针对以上不足,围绕"低碳生态"的核心要求,统筹考虑交通规划与城市土地利用、交通规划与外部环境、资源的综合协调关系,将"协同规划""供需统筹""区域差别"等理念纳入统一框架内。

(二)供需统筹理论

城市交通系统包括城市交通需求、城市交通供给两部分。交通需求与交通供给是城市交通系统中的一对基本矛盾,它们之间的关系既是互相依存、一脉相承,又是彼此制约、双向反馈的。交通规划的目的是把有限的资源做出最合理的分配,达到供需的平衡,所以在城市交通规划过程中应该统筹考虑交通需求与交通供给,低碳生态城市交通规划主要考虑交通与土地利用的供需统筹和交通与生态环境的供需统筹两个方面(图5-4)。

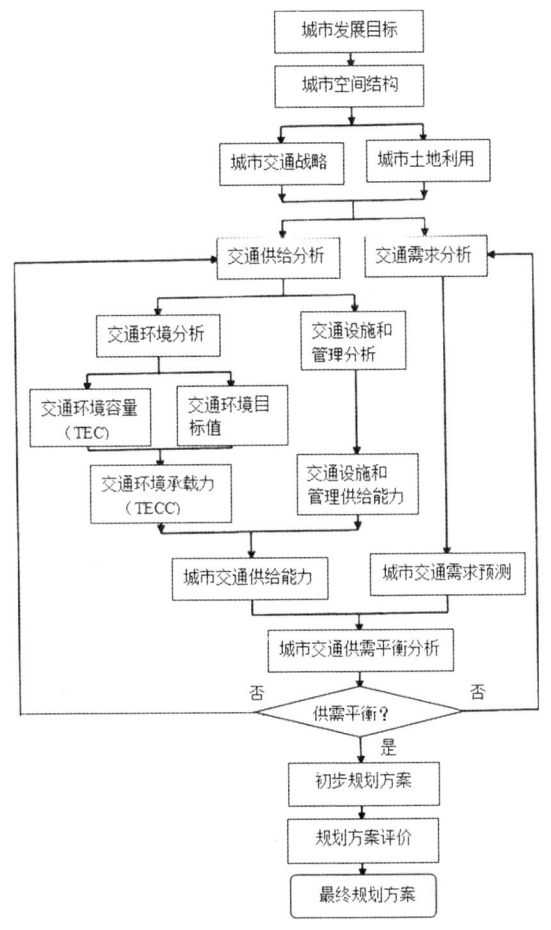

图 5-4 交通供需统筹概念框架

1. 交通与土地利用的供需统筹

交通与土地利用之间的关系是一种循环的反馈关系。城市的发展首先依赖于城市的交通,而城市交通的需求又产生于城市的土地利用布局。土地利用通常是出行生成活动的主要决定因素,而城市发展历程中的每一次重大结构性变革又往往源于交通技术的深刻影响。土地利用与交通需求、土地利用与交通供给之间存在互动关系,形成了土地利用和交通供给、交通需求之间正向和逆向两种循环作用(图 5-5)。

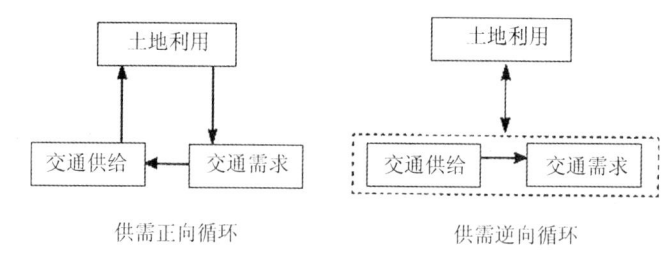

图 5-5　土地利用和交通供给、交通需求的三者循环关系

（1）正向循环作用

土地利用决定交通需求，交通供给满足交通需求。土地利用实际上代表着城市的经济社会活动，由此而产生城市交通的源和流，这是本源性的需求。土地利用强度越高，经济社会活动强度越高，交通需求则越大。传统的交通供给采取"需求追随型"的思路，有多少需求、什么样的需求就对应相应的设施，交通资源依此原则进行分配。交通供给改变了区位可达性，可达性的增强和改善又影响社会空间活动的选址，再次刺激新的土地开发，并开始交通和土地利用系统相互影响的新一轮正向循环，直至趋于平衡。

（2）逆向循环作用

交通供给调节需求达到相对平衡，供需统筹的交通系统实现与土地利用的互动。当斯定律表明，交通需求总是趋于接近和超过交通供给。因此，交通供需关系上不是以需求决定供给而是区别对待。小汽车交通只能"量体裁衣"，必须受到整个路网容量的限制，根据其在城市交通的定位采取适度和有限供给原则。公共交通须"量体裁衣"，即城市发展的规模和布局等规划决策都必须以与之相适应的城市公交体系、规模、布局为支撑，体现优先发展原则；慢行交通不仅是综合交通体系组成部分，还应是城市环境的一部分，采取足量和友好发展原则。在城市空间增长过程中，进行不同交通方式与土地利用相互关系分析，分区域地细化各种交通方式与城市形态、功能组织和用地布局的关系，在交通方式与空间增长模式上采取不同片区差别化、不同交通方式差异化的策略，建立与城市空间形态相协调的城市交通发展模式。

交通与土地利用的供需统筹主要体现在宏观层面和中观层面上。宏观层面是针对城市整体的交通供需平衡提出策略，反映在城市规划体系中是与总体规划阶段相对应；控制性详细规划是在总体规划的基础上对城市土地进行进一步的区域划分，对区域内的每一块地提出开发控制要求并以此指导开发建设，与之相对应的就是针对城市某一分区（或称区域）的中观层面上的用地与交通之间的协调。

（1）宏观层面平衡用地与交通

城市的交通状况与城市的土地利用模式密切相关。城市各类用地往往是交通的发生源,城市内不同的用地布局决定了不同的城市交通流量和流向。城市现有的各类用地布局决定了现有城市交通的发生点和吸引点,且随着城市的不断发展、各类用地布局的不断变化,居民出行的生成与分布也随之变化,从而导致城市局部区域的土地利用强度及城市的交通流量和流向都处在不断变化的状态之中。而城市的用地结构与城市用地布局是由城市总体规划决定的,可见城市总体规划对城市交通状况存在着不可忽视的作用。

在城市总体规划的层面上应充分考虑城市交通规划,使之形成相互对应关系。具体来说,为了确保城市布局和开发建设强度的合理化,应在城市总体规划中对城市的交通发生、分布及交通容量有粗略的估算,用以控制城市的用地布局、用地性质及地块规模,使其更加合理化,从而避免出现城市交通在时间上和空间上的不均衡分布,以及城市超强度开发导致的城市交通需求超过城市交通容量供给的问题。

(2)中观层面平衡用地与交通

中观层面上新的土地开发产生的交通影响,可以通过城市某一分区内土地利用水平变化带来的相关区域路网交通运行水平的变化程度来衡量。因此,首先必须研究分区土地利用水平与其交通运行水平之间是否存在内在的必然联系。如果存在内在的必然联系,设法确立其中的函数关系,然后建立关键路段对小区土地利用限制模型,定量地研究区域小区开发规模上限。

2.交通与生态环境的供需统筹

生态环境主要对交通供给能力产生影响,所以在考虑交通系统供给能力时,除了考虑交通设施和交通管理的供给能力,还需要通过分析交通环境容量(TEC)与交通环境目标值之间的相互关系,并确定交通环境承载力(TECC),即生态环境的供给能力,从总体上实现包括生态环境供给能力的交通系统供给与交通需求的平衡。

第二节 创建一个健康的人本化绿色交通环境

一、通过道路空间创造,形塑交通环境"新生态"

(一)创作"步行友好"的城市

近年来,在可持续理论的推动下,人们的关注点聚焦在城市交通系统中对于在机动化潮流中处于弱势地位的步行交通上,并且意识到要满足当前步行交通的需求,不能仅仅依靠"人车分流"和划定步行区的空间隔离等方式,而且,现阶段步行交通与机动交通间不能实现完全的隔离,当前,行人过街的距离被拉长,步行交通的空间被缩小,从整体上来看,步行街很可能会被城市中机动交通排挤到一个被遗忘的角落。因此,重视步行交通的规划,需要重新对交通空间进行整合与布局,缩短机动交通与步行交通空间上的距离。

对于城市道路的定位,不应该仅限于交通空间上,更应拓宽到城市公共交通空间上。城市道路充斥着人们绝大部分的公共活动,所以,要更好地反映城市特色,拥有一个别具一格且充满活力的街道景观至关重要。

以这一思想为基点,自20世纪80年代起,西方城市交通规划和设计的重要方向就是"道理空间共享",从根本上改变了步行与机动车辆之间的关系,逐步实现了人和车辆平等共存的愿望。

事实上,"步行友好"的城市道路空间的终极目标是让城市规划认可且正视并利用人车共存的道路空间,创作舒适、安全的步行环境,让机动交通便捷地为步行活动服务。

(二)创造公共交通友好的道路空间

在公共空间中,关键的组成部分就是街道空间(Street Space),其主要作用是,提供交通通行空间,提升人们居住的空间环境。事实上,随着机动交通地位的扩大,人们越来越弱化了街道空间的多重属性,似乎街道空间存在的意义就在于存放更多的机动车辆,最初的漫步和会友等活动,早已被人们所遗忘。而机动车的大幅度增加,同样破坏了环境的平衡状态。直到20世纪70年代,各国才逐渐认识到问题的严重性,并相应地采取了有效的措施。巧合的是,各国的研究和实践工作有着一定的相似性,正如丹麦交通大臣所指出的:"社区的塑造不会也不应该遵从于汽车交通的要求。"[1]

近年来,在道路空间问题上,国内外的研究逐步恢复到人的需求和活动上,并提出了"公共交通友好街道"等相关概念,并明确指出,"任何不是周全考虑道路空间内所有活动需求的手段对道路两侧经济活动的健康发展和整个街道的活力都是有害的"。

要保证道路空间的均衡发展,其出发点应该是使用者优先。公共交通

---

[1] 马强.从"小汽车城市"到"公共交通城市"[M].北京:中国建筑工业出版社,2007.

和其他类型交通共同发展目标的实现是一个长期的渐进的过程,并对其不断地进行修正和调整。

(三)形塑环境景观的"新人文"与"新生态"

"新人文"是以人的感受作为行动的基本出发点,尊重人、关心人、满足人的多种需求,创造一个"人的场所"。城市道路景观的设计应以传统的景观规划和设计思想为灵感来源,贴合现代生活特征,最终建成具有地方特色、重视历史文化传统,令居民具有强烈归属感的道路。

以道路景观为视角,人性化的道路景观设计要全面体现对生态各要素的关心和对城市生态系统平衡的追求。这种"新生态"观融合了现代生态学生物演进的规律,虽然城市不断地变化,为人们提供各种各样实验和探索的机会和场地,但其变化应有一条健康的主线。应当把一个城市的文脉、历史、文化、建筑、邻里和社区的物质形态当作一个活的生命来对待,当作一种生命的形式、一种生命体系来对待,要根据它的"生命"历史和生存状态来维护它、保持它、发展它和更新它,糅合到道路景观的设计中,丰富其建成的语境,创造流动的人性化绿色道路景观。

二、通过环境法律治理,完善城市交通软环境建设

所谓软环境主要包括城市交通主体的安全意识、道德意识和对交通规则的遵守等,这些对于维护弱势群体的利益、交通环境的保护与法律治理至关重要。

一个严重不合理的规则会对弱势群体的利益形成更大的伤害。除了行人自己要加强安全意识,注意自我保护之外,限制机动车的强制性措施同样必要,毕竟机动车相比于行人具有绝对的优势,本着平等的原则,有必要对行人这一弱势群体加以特殊的保护。社会学的深层理念就是促进社会进步,创造健康的社会。无疑关注弱势群体并积极维护他们的利益正是题中应有之义。一个健康的社会不应该有歧视弱者的现象,同样,要创建一个健康完善的城市交通体系,很重要的一点就是要积极维护交通弱势群体的利益,不仅要让他们能够平等参与到城市交通中来,而且要依靠他们逐步消除城市交通系统中不平等的现象,以创造一个美好、和谐和理想的城市社会。

从社会公平与社会正义角度来看,政策制订者与城市规划工作者有义务改善道路交通环境条件,优先照顾弱势群体的出行模式(如限制车速、设置路障、减少机动车道),增加他们对易达性的获取可能。中国当前无车的

弱势群体是多数,他们的基本生存与发展权利理应受到保障,因为易达性缺失意味着接近各种机会的缺乏。美国著名的伦理学者约翰·罗尔斯认为,正义就意味着制度要遵循这样的原则:使所有社会成员面临的机会都是公正平等的,天生不利者与有利者同等地利用各种机会,在分配社会合作产生的利益方面始终从最少受惠者的立场来考虑问题。① 据此,城市交通环境应被视为全社会拥有的公共资源(属于社会合作产生的公共利益范畴),理应给予处于劣势的非驾车群体以某种合理的补偿。城市交通政策应偏袒弱势群体,赋予他们更多的易达性权利而不是刚好相反(如中国当前以小汽车交通为导向的道路交通环境规划建设)。

不仅如此,在交通环境的治理中,还要充分地考虑人与自然环境之间的各种权利与义务,以及人与人之间的权利与义务关系。就人与自然环境的关系而言,人在改造自然的同时,必须承担对自然环境进行保护的责任,人有责任有义务尊重自然和其他物种存在的权利,因为人与其他物种都是宇宙生物链中不可缺少的组成部分,享用自然并非人类的特权,而是一切物种共有的权利。要使人和自然共同迈向未来,人类要在维护生态平衡的基础上合理地开发自然,把人类的生产方式和生活方式规范在生态系统所能承受的范围内,在热爱自然、尊重自然、保护自然和维护生态平衡的基础上,积极能动地改造和利用自然。

三、低碳出行,从"心"出发回归生态理性

人类赖以生存和发展的环境是一个大系统,它既为人类提供空间和载体,又为人类提供资源并容纳废弃物。对于人类活动来说,环境系统的价值在于它能为人类社会生存发展活动的需要提供支持。由于环境系统的组成物质在数量上有一定的比例关系,在空间上具有一定的分布规律,所以它对人类活动的支持能力有一定的限度。当人类社会经济活动对环境的影响超过了环境所能支持的极限,即外界的刺激超过了环境系统维护其动态平衡与抗干扰的能力,也就是人类社会行动对环境的作用力超过了环境承载力。

生态学家和生态哲学家一直在呼吁人类的生态理性。生态理性是根据生态系统的整体要求去做出选择的理性,概括地讲,生态理性体现为遵循利奥波德提出的行为准则:"当一件事物趋向于保护生物共同体的和谐性、稳

---

① [美]约翰·罗尔斯,何怀宏等译.正义论[M].北京:中国社会科学出版社,1988.

第五章　生态城市绿色交通规划应用技术

定性与美感的时候,就是正确的。反之就是错误的。"经济理性则指个人追求自我利益最大化的计算能力,即在面临多种选择时,人们总是会选择给自己带来最大满足的选项。现代汽车文明是迎合经济理性的文明。它把经济理性抬升至高于生态理性地位,并体现着国家政治特征的过程。认为一个特殊的理性概念之所以超越其他可能而取得支配地位与合法性,首先是因为它是社会权力的一种功能,这种功能服务于能够从相应结果中获益的强权社会集团的利益并不是认识论具有内在优越性的结果。[1] 而根据生态理性,鼓励汽车消费就是错误的。因为私家车的迅速增加势必导致环境的进一步恶化,势必挤占更多的空间,从而挤占更多的野生动植物栖息地,所以会破坏生态系统的完整、稳定和美丽。[2] 因汽车越多,绿色越少。根据生态环境的承受限度确定允许使用的机动车车辆总数,并进而规定每个居民的尾气排放权,这是生态理性的体现。要汽车,还是要绿色?经济理性人会毫不犹豫地要汽车,生态理性人会毫不犹豫地要绿色。

当前中国处于社会转型的加速时期,社会分层趋势正逐步加大,但我们必须承认,具有良好场所意义的道路交通环境应考虑环境使用者——人的主体性和多重生理、心理需求。功能、尺度和细部友好的道路交通环境会给市民充分的愉悦感和美的城市体验。好的城市设计为道路交通环境创造适宜的社会互动情境。作为人们社会生活的重要公共空间,适宜的道路交通环境积极支持多样化社会交往事件的发生,从而促进社会融合和社会资本积累。成功的关键是一个正确的价值观的普及和广为接受,绝不仅是拓宽道路、革新技术那么简单。我们需要让越来越多的人感受到交通拥堵以及相伴而生的环境污染和生态破坏对人们不断警示和惩罚的后果。前进的第一步并不复杂,只是让城市出行者认识到我们正在造成的损害以及怎样避免它。新价值观从不抽象地到来,它们往往与具体的情况、崭新的现实以及新的世界理解一起到来。实际上,道德只存在于实践中,存在于日常微小事情的决策上,正如亚里士多德所说:"在道德方面,决策依赖观念。"当大多数人看到一辆大汽车并且首先想到它所导致的空气污染而不是它所象征的社会地位的时候,环境道德就到来了。[3] 可以说,在当前中国城市交通问题已经成为一个难解之痛时,树立一种健康的、人本化的绿色交通理念应是当务

---

[1] [英]简·汉考克著;李隼译.环境人权:权力伦理与法律[M].重庆:重庆出版社,2007.

[2] 卢风.绿色与汽车[J].群言,2005(4).

[3] [美]艾伦·杜宁著;毕聿译.多少算够——消费社会与地球的未来[M].长春:吉林人民出版社,1997.

之急。这一理念强调的是城市交通的"绿色性",即减轻交通拥挤,减少环境污染,促进社会公平。其本质是建立维持城市可持续发展的交通体系,以满足人们的交通需求。绿色交通的理念,有待我们从"心"开始,并从我们的"脚下"实践,它不仅应该表现在交通政策的制订中,更要融入人们生活方式的选择中去。

第三节 生态城市交通方式结构优化技术

交通方式结构是城市交通需求的一个核心表征,交通方式结构的优化也是城市交通科学发展的主要途径。什么是合理的交通方式结构,又如何进行优化,都是城市交通规划需要重点解决的问题。按照传统观点,最大限度地发挥城市交通设施的运输能力的交通方式结构,既不浪费设施资源,又保障交通效率,是比较理想的。但目前城市交通设施已经不再仅仅承担运输功能,部分还承载着公共空间、城市景观等其他功能,因此合理的交通方式结构应兼顾效率、公平、安全、低碳和环保等多方面的要求。改变一个城市交通方式结构的措施很多,但主要有两类:一是改变交通设施供应,如增设公交专用道;二是采取交通需求管理,如停车差别化收费。本章所介绍的技术主要是通过建立数学模型试算、评估、调整以上两类措施对交通方式结构的影响,以达到优化的目的。

一、低碳生态的城市交通方式结构优化技术框架

(一)基本要求

1. 考虑交通设施供给对碳排放的影响

交通设施供给规模、结构是影响城市交通方式结构的基本要素。在其他条件不变、只增加交通设施供给的情况下,各种交通方式的服务水平会随之改变,出行者会对使用何种出行方式重新做出选择,最终改变交通方式结构和碳排放水平;当交通设施供给结构发生变化时,如总路权不变的情况下减少小汽车路权、增加公交和慢行路权,各种交通方式的服务水平也会随之改变,最终改变交通方式结构和碳排放水平。交通方式结构优化技术应考虑交通设施供给对交通服务水平的影响,以及交通服务水平对交通方式选

择的影响,从而建立交通设施供给与交通方式结构碳排放的关系。

2. 考虑交通管理政策对碳排放的影响

交通需求管理政策是在既有供给条件下提升交通服务能力、降低碳排放的重要手段。交通需求管理政策实施往往可以显著地改变出行行为,包括交通方式选择,如合理提高城市老城区停车收费可使部分小汽车使用者转向其他交通方式,从而降低小汽车出行比例,缓解交通拥堵,促进节能减排。交通方式结构优化技术应能够定量分析不同交通管理政策对交通方式结构改变和交通排放的影响程度。

3. 考虑用地特征对碳排放的影响

城市中各种类型用地是城市活动的载体,是交通需求产生的源泉,用地布局和规模决定了城市交通需求的空间分布特征和出行距离的大小。通过改善用地布局可以减小出行距离、减少机动车出行比例,从而达到交通减排的目的。交通结构优化技术应建立用地特征与出行距离、出行结构的关系,进而对交通碳排放水平做出评估。

4. 权衡交通碳排放与交通运行效率的关系

交通需求可以分为弹性和刚性两类。刚性需求是指正常情况下一定会发生的需求,这类需求如工作、上学出行,该类需求的出行方式选择具有可调控性;弹性需求指可有可无的出行,如休闲出行,这类出行可以通过一定政策措施来影响出行次数和出行方式,如通过改善步行环境可提高这类出行的频率和步行出行的比例。交通方式优化技术应能够通过对不同类型需求对交通方式选择偏好性的模拟来反映公共交通、小汽车交通、慢行交通之间的协作、竞争关系,权衡交通减碳与交通运行效率关系,既满足城市各类经济社会活动对交通服务的要求,又尽量减少交通碳排放对环境的影响。

(二)技术路线

结合以上交通结构优化技术的基本要求,本章通过建立模型进行试算、逐步调整的方式来评价各类交通改善措施对交通方式结构、碳排放的影响,具体技术框架如图5-6所示。

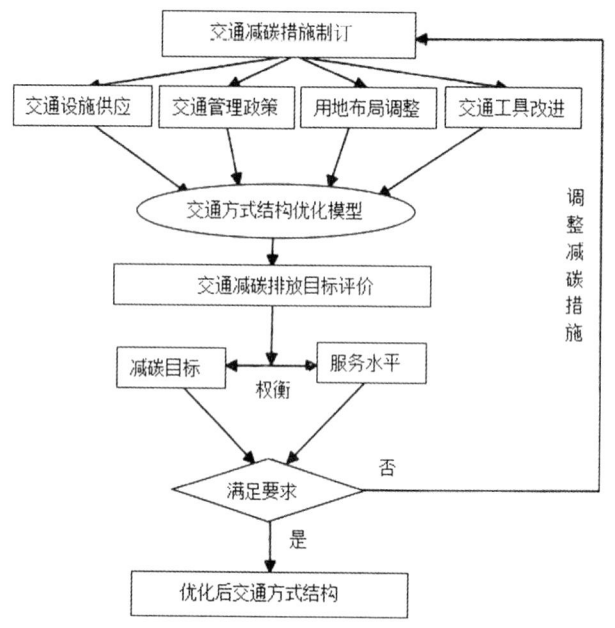

图 5-6 交通方式结构优化技术总体思路

二、低碳生态的城市交通方式结构优化模型方法

(一)模型推导

交通规划中关于交通减排的实现主要从两个方面考虑：一是通过对出行结构方式本身进行优化，二是减少交通出行距离从而实现交通减排。而交通方式选择与交通出行距离密切相关，根据 Hagerstrand 的时空地理学理论，人的活动区域限制在一定的时空棱柱体之内，棱柱体的大小受所选择交通工具的影响，所选择的交通工具速度越快，则其活动范围越广，交通工具的速度在一定程度上决定了活动空间的范围，交通工具的选择对目的地的选择存在空间约束；同样，目的地的选择对交通工具也存在约束性，选择某一目的地后，距离出发点的空间距离决定了交通工具的选择范围，因此，交通工具的选择和目的地的选择交叉影响，具有捆绑性，出行者对于出行方式和出行目的地的选择往往是同时决策而不是分开决策。因此，有必要将出行方式和目的地的选择统一于同一个模型中，不仅更符合出行决策逻辑，也更有利于对交通碳排放的计算和衡量。

定义个人 n 的方式和目的地选择集分别为 M_n 和 D_n，则方式/目的地

联合选择集定义为 $M_n \otimes D_n$,根据叉乘的定义,如果方式的总个数用 m 表示,目的地小区个数用 d 表示,则第 i 种出行方式与第 j 个小区构成的选择肢的编码为:$MD_k=(i-1)d+j(i=1,2,\cdots,m;j=1,2,d;k=1,2,\cdots,md)$。当目的地选择集很庞大时,交通方式与目的地的联合选择肢的数量也是非常大的,如 6 种交通方式与 300 个交通小区组成的选择肢将达到 1800 个,这对于模型的建立和运行而言都很困难。因此,在建模的过程中可对目的地进行分群抽样,按照距离出发地小区的远近对目的地小区进行分群,越靠近出发地的小区群抽样比例越大。

假定个人 n 可以选择的交通方式和目的地集合为 C_n,由交通方式 m 和出行目的地 d 组合而成的选择肢的效用为 U_{md}

$$U_{md} = \overline{V_m} + \overline{V_d} + \overline{V_{md}} + \varepsilon_{md}$$

式中:$\overline{V_m}$——仅随交通方式变化的效用确定项。

$\overline{V_d}$——仅随目的地变化的效用确定项。

$\overline{V_{md}}$——同时随交通方式和目的地变化的效用确定项。

ε_{md}——效用随机项。

则非抽样情况下方式划分和目的地选择的联合模型为

$$P_{md} = \frac{e^{\overline{V_m} - \overline{V_d} + \overline{V_{md}}}}{\sum_{(m'd'' \subset C_n)} e^{\overline{V_{m'}} + \overline{V_{d'}} + \overline{V_{m'd'}}}}$$

在进行目的地抽样的情况下,假定个人 n 所面临的选择肢集为 C_n,拟对个人的选择集进行抽样,并假定抽样后的选择子集为 D_n,个人 n 选中的选择肢一定包含在子集 D_n 中。假定给定选择肢 i 的条件下得到抽样子集 D_n 的条件概率为 $\pi_n(D_n|i)p_n(i)$,则个人 n 选中选择肢 i 和子集 D_n 的联合概率密度为①

$$\pi_n(i, D_n) = \pi_n(D_n | i) p_n(i)$$

根据贝叶斯定理,个人 n 在给定选择子集 J_D 的条件下选中选择肢 i 的概率为②

$$\pi_n(i, D_n) = \frac{\pi_n(D_n | i) p_n(i)}{\sum_{j \subset D_n} \pi_n(D_n | j) p_n(j)}$$

将 $P_N(i)$ 的 Logit 概率模型代入上式可以得到

$$\pi_n(i, D_n) = \frac{\exp[u^* V_{ni} + \ln \pi_n(D_n | i)]}{\sum_j = D_n \exp[u^* V_{nj} + \ln \pi_n(D_n | j)]}$$

---

① 江苏省城市规划设计研究院.江阴市城市总体规划(2011—2030)[R].2011.
② 江苏省城市规划设计研究院.江阴市城市总体规划(2011—2030)[R].2011.

可以认为,在满足出行目的的前提下,出行者总是选择最近的目的地,即对于同类的选择肢,距离越近被选中的概率越大,而选择集中的选择肢被选入子集 D_n 的概率应尽可能与实际可能选中的概率保持比例上的一致,因此在产生选择子集 D_n 时应考虑一定的权重。

将选择总集 C_n 按照距离出发点的远近关系分为 R 类,第 r 类中选择肢的个数为 1_{rn},则有 $\sum_{r=1}^{R} J_{rn} = J$。假定选择子集 D_n 的构成是从第 r 类中选择 $\overline{J_{rn}} r = (1,2,\cdots,R)$,则选择子集 D_n 的总个数为 $\sum_{r=1}^{R} \overline{J_{rn}} = \overline{J}$,并假定选择肢 i 所在的类为 $r(i)$,每一类中各个选择肢被选中的概率是均等的,那么选择子集 D_n 被选中的概率为

$$\pi_n(D_n|i) = \begin{pmatrix} J_r(i)n & -1 \\ \overline{J_r(i)n} & -1 \end{pmatrix} \prod_{r=r(i)}^{R} \left(\frac{\overline{J_{rn}}}{J_{rn}}\right)^{-1} (i \in D)$$

令 $Q_n(D) = \prod_{r=1}^{R} \left(\frac{\overline{J_{rn}}}{J_{rn}}\right)^{-1}$,则有 $\pi_n(D_n|i) = \frac{\overline{J_r(i)n}}{J_r(i)n} Q_n(D)$

令 $q_{in} = \frac{\overline{Jr(i)n}}{Jr(i)n}$,则可以得到

$$\pi_n(i,D_n) = \frac{\exp(u^* V_{ni} - \ln q_{in})}{\sum_{j \subset D_n} \exp(u^* V_{nj} - \ln q_{in})}$$

由上式可以看出,选择肢抽样条件下的选择概率公式比全样条件下的公式多了一个附加项 $-\ln q_{in}$,该附加项系数为 1,因此,在标定模型时,只需在各选择肢的效用函数后面添加相应附加项并将系数固定为 1 即可。当各类选择肢的抽样率相同时,附加项约掉,上式将退化为一般的概率选择式。

(二)变量选择原则

(1)经验及常识原则

根据经验或常识直接选择变量进入模型,如出行距离变量对出行方式产生显著的影响。

(2)统计原则

首先选择"两极变量",即明显对选择肢表现出"偏爱"或"憎恨"的变量。

假定有 MG 个选择肢 $(A_1, A_2, \cdots, A_M)$ 与 N 个变量 $(V_1, V_2, \cdots, V_N)$,则有 MAT_1、MAT_2、MAT_3,

$$MAT_1 = \begin{bmatrix} Q_{11} & \cdots & Q_{12} & \cdots & Q_{1N} \\ Q_{21} & \cdots & Q_{22} & \cdots & Q_{2N} \\ & & \vdots & \vdots & \ddots & \vdots \\ Q_{M1} & Q_{M2} & \cdots & & Q_{MN} \end{bmatrix},$$

$$MAT_2 = \begin{bmatrix} P_{11} & \cdots & P_{12} & \cdots & P_{1N} \\ P_{21} & \cdots & P_{22} & \cdots & P_{2N} \\ & & \vdots & \vdots & \ddots & \vdots \\ P_{M1} & P_{M2} & \cdots & & P_{MN} \end{bmatrix}$$

$$MAT_3 = \begin{bmatrix} T_{11} & \cdots & T_{12} & \cdots & T_{1N} \\ T_{21} & \cdots & T_{22} & \cdots & T_{2N} \\ & & \vdots & \vdots & \ddots & \vdots \\ T_{M1} & T_{M2} & \cdots & & T_{MN} \end{bmatrix}$$

式中:Q_{ij}——具有变量的特征同时又选中选择肢 A_i 的人数。

令 $P_{ij} = Q_{ij} / \sum_{k=1}^{M} Q_{kj}$，$T_{ij} = P_{ij} / \sum_{k=1}^{N} P_{ik}$，则定义 T_{ij} 为变量 V_j 对选择肢 A_i 的统计偏好度,越接近 1 表示变量 V_j 对选择肢 A_i 表现为越偏爱,越接近 0 则表现为越憎恶。

(3)相关原则

根据上述两个原则将选中的变量代入模型进行求解,根据求解结果对相关性高的变量进行筛选,然后重新标定模型。

(4)数学检验原则

变量的显著性需达到一定的置信水平,对不能达到一定要求的变量如无特殊原因则可从模型中删除,然后重新标定模型。

设总体协方差矩阵的估计值为 V,则有
$$V = E[-\nabla^2 L(\bar{\theta})]^{-1}$$

式中:$L(\bar{\theta})$——对数似然函数；

$\bar{\theta}$——参数统计量。

则 t 检验值可以由下式获得:
$$t_k = \frac{\bar{\theta}_k}{\sqrt{v_k}}$$

式中:$\bar{\theta}_k$——第 k 个变量所对应的参数 $\bar{\theta}_k$ 的估计值。

v_k——总体协方差矩阵估计值的第 k 个对角元素。

对于不能达到一定置信水平的变量,可将其舍弃后重新标定模型。

(三)应用技术路线

考虑影响交通方式/目的地选择的三类因素,并以变量方式进入上述所推导的交通方式/目的地选择模型。第一类是出行者经济社会因素,包括出行者的性别、年龄、职业和收入水平等；第二类因素为交通方式属性,包括各种方式的出行时间及出行费用；第三类因素为目的地特征属性,包括目的地

区位、用地混合度等。将各类减碳措施量化为可进入上述交通方式/目的地联合选择模型的变量,并将交通减碳措施分为鼓励类和抑制类两类,其中鼓励类措施指优化公交系统、慢行系统等使出行者积极向低碳交通方式转移的措施,抑制类措施为通过限制小汽车拥有及使用、道路收费和停车收费等使出行者被动放弃高碳交通方式的措施。各项具体措施、效果及其量化方式如表5-7所示。

表5-7 部分交通减碳措施及效果一览表

	措施	效果	量化方式
鼓励类	公交优先(公交专用道、提供良好的公交换乘服务、实行公共交通票价补贴制度等)	提升公共交通设施及服务水平,引导出行者向公共交通方式转移	将各类公交优先措施量化为公交出行的时间、费用,作为交通方式属性变量进入模型
	建立良好的步行系统、自行车系统,对步行、自行车的通行给予优先或专用	提升慢行交通设施及服务水平,引导出行者向慢行交通方式转移	量化为出行时间、慢行环境因子,作为出行方式属性变量进入模型
	停车换乘费用优惠	引导出行者向公共交通方式转移	将停车换乘作为独立的交通方式,并将停车换乘优惠方式计入该方式的出行成本进入模型
	提高土地利用混合度	减少出行距离	量化为目的地所在小区的混合度变量,作为目的地特征属性变量进入模型
抑制类	限制私人车辆使用	通过限制私人车辆的使用、停车、收费等,引导出行者向低碳交通方式转移	量化为小汽车出行的时间、费用成本,作为交通方式属性变量进入模型
	提高停车收费成本		
	道路拥挤成本		
	调整出租车票价	引导出行者放弃出租车、摩托车出行方式,向低碳交通方式转移	量化为出租车、摩托车的出行时间、费用成本,作为交通方式属性变量进入模型
	限制摩托车		

根据以上交通方式/目的地选择模型的建立以及各类交通减碳措施进入模型的量化方式,建立交通结构优化模型应用技术流程,如图5-7所示,通过各种交通方式碳排放量与交通减碳措施的循环反馈,完成交通方

式结构优化。

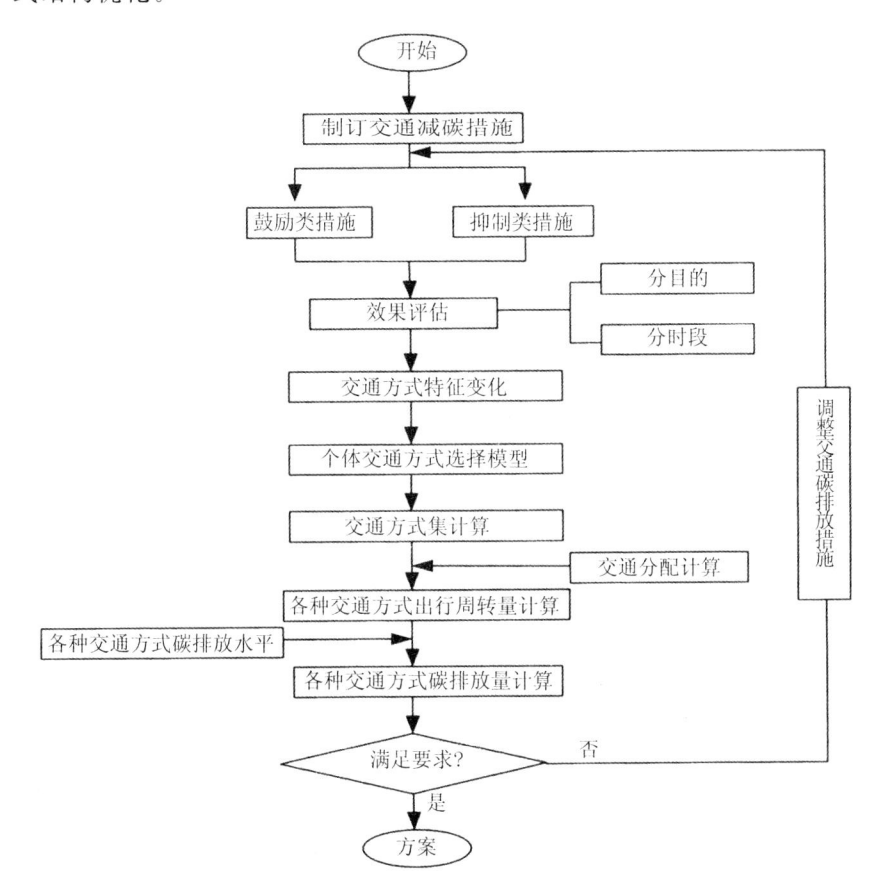

图 5-7 交通结构优化模型应用技术流程

第六章 城市建筑节能与能源有效利用技术

第一节 建筑节能的概念界定与设计要求

一、建筑节能的界定

继 1973 年石油危机提出建筑节能概念以来,人们赋予了建筑节能一词不同的意义。在过去的几十年中,建筑节能的意义经历了由浅到深,由简单到复杂的过程。起初,人们认为建筑节能的意义在于减少建筑能源(Energy Saving);后来发展为减少建筑能量散失(Energy Conservation),再发展到今天的提高建筑能源效率(Energy Efficiency)。目前,我国仍然保留着"建筑节能"一词,但是其在意义上指的是提高建筑能源效率,也就是说在保证和提高建筑室内外舒适度的前提下,通过节能设计方法和能源技术,提高建筑能源使用效率。随着人们对建筑节能认识程度的不断加深,人们现在将其解释为:在建筑全生命周期(规划设计、建造运营和拆除)内,通过采用建筑节能材料、能效高的机械设备以及可再生能源,加强建筑用能管理,实现建筑零耗能的目标。

一般地讲,应用了节能技术的建筑成为节能建筑,在此基础上,人们又提出了可持续建筑、生态建筑和节能建筑,其意义和内容如表 6-1 所示。

表 6-1　节能建筑名次对比

名称	内容	共性
绿色建筑	在建筑的全寿命周期内，最大限度地节约资源（节能、节地、节水、节材）、保护环境和减少污染，为人们提供健康、适用和高效的使用空间，与自然和谐共生的建筑	实现建筑与环境的和谐共生、实现可持续发展，绿色建筑、生态建筑和可持续建筑都是节能建筑
可持续建筑	在尽可能多地减少能耗、增大空间的同时使之与全社会、大自然相和谐	
生态建筑	将建筑看成一个生态系统，本质就是能将数量巨大的人口整合居住在一个超级建筑中，通过组织（设计）建筑内外空间中的各种物态因素，使物质、能源在建筑生态系统内部有秩序地循环转换，获得一种高效、低耗、无废、无污、生态平衡的建筑环境	
节能建筑	遵循气候设计和节能的基本方法，对建筑规划分区、群体和单体、建筑朝向、间距、太阳辐射、风向以及外部空间环境进行研究后，设计出的低能耗建筑	

二、国外建筑节能概况

能源问题是一个关乎全世界环境发展和社会发展的问题，能源危机的出现，使得西方国家意识到能源对一个国家的稳定尤为重要。无论是在发达国家还是在发展中国家，社会能耗都是由工业能耗、建筑能耗和交通能耗组成的，因此建筑节能受到了世界各国的充分重视。在过去的近40年的时间里，各国在节能设计、施工技术、新能源技术以及新型建筑材料方面做了不懈的探索。此外，为了保证建筑节能工作的正常开展，这些国家颁布了各项法律法规，提出了绿色建筑标志和认证体系。在这几十年的时间里，建筑能源得到大幅度降低、取得了显著的经济效益，并提高了环境质量。下面将从西方发达国家进行的制订建筑节能标准与法规、制订建筑节能措施两个方面进行分析。

（一）制订建筑节能标准与法规

自能源危机之后，世界各国意识到降低建筑节能工作的重要性，并纷纷建立了建筑节能标准，从而做到节能工作有法可依。

在欧洲，法国是制订建筑节能标准最早的国家。1974年，其颁布了节能标准要求新建建筑的采暖节能水平要提高25%，后来得到欧洲其他国家的纷纷效仿。1982年和1989年，在修订建筑节能标准的过程中，建筑节能指标又分别提高了25%，并对公共建筑和既有建筑节能改造提出了要求。在过去20多年的时间里，法国综合应用节能技术、节能产品、围护结构保温技术、计算机技术和自动控制技术，使得民用建筑能耗降低了72%。

美国是制订节能标准和法律体系最为完善的国家。1975年，美国采暖、制冷及空调工程协会公布了新建建筑节能设计标准，之后又颁布了相应的节能法规，从而使得美国全国取得了较为显著的节能效果。现在，每个五年便重新修订建筑节能标准，推动建筑节能工作的开展。

日本在1979年颁布的住宅围护结构保温隔热标准，是第一次规定建筑围护结构的热阻，目前日本的围护结构保温性能较为显著。丹麦是降低建筑能源使用总量成功的国家，1972年到1999年期间，建筑能耗降低了31%，采暖能耗占社会消耗量减少了12%，现在丹麦单位面积建筑用能减少了50%之多。

（二）制订建筑节能措施

西方发达国家对建筑节能措施进行了全面的研究，并取得了显著的成果，并形成TN论体系，主要包括以下内容：①提高围护结构保温隔热性能；②充分利用自然条件；③科学的节能管理体系；④限制居住环境水平。下面将进行具体分析。

采用合理的建筑设计方法，采用合适的建筑朝向、建筑体形和平面布局，尽量通过建筑设计手段定性地降低建筑能耗；提高建筑围护结构的热工性能，大量地研究开发建筑节能材料，如多孔砖、空心砖、膨胀珍珠岩、散状玻璃矿物棉或散状矿物棉等，降低建筑材料导热系数；改善窗户设计，提高窗户的气密性和隔热性，从而将热量隔离在室外，目前的窗户种类包括双层玻璃、吸热玻璃、热反射玻璃等；充分利用自然条件，可使用屋檐、窗帘、遮阳板、阳台、周围树木等构造措施，实现建筑节能。此外，采用自然通风策略也可以降低空调制冷设备的使用，从而降低建筑能耗。根据相关计算，采用自然通风可减少30%的空调使用费用。西方发达国家将自然通风技术与空

第六章　城市建筑节能与能源有效利用技术

调制冷技术相结合,研发出了高速湿度、低能耗辐射采暖制冷系统,提高了室内的热湿舒适度,满足了人们居住所需的隔音、采光、温度、湿度以及新风量等条件。该套系统不但能够保持人体所需的恒温恒湿的空间环境,而且耗能较少,据推算,采用该系统的能耗为 $20\mathrm{W}/m^2$,远低于我国目前的建筑节能水平 $80\mathrm{W}/$。

总体上,国外已经具备了完善的建筑节能管理体系和技术体系,但是各个国家采用的措施又有很大的差别。具体地,英国、美国和德国为了推进建筑节能工作,采取了一系列措施,见表 6-2。

表 6-2　世界主要国家的建筑节能措施

国家和地区	主要节能措施	主要内容	说明
英国	构造措施	提高墙体、屋面以及门窗的保温性能	提高采暖、空调系统、照明灯具、热水器、家用电器等设备的能源效率,英国最普遍的住宅建筑为太阳能住房,这种类型的被动房供给的能源占总建筑能耗的 30%
	能源措施	利用太阳能、风能、地热能等	
	设备措施	改善建筑的供热系统	
美国	建筑热工性能	通过提高建筑围护结构(外墙、门窗)的保温性能,兼以利用自然采光和自然通风等措施减轻一部分建筑能耗	建筑节能工作处于世界领先地位,绿色建筑数量全球第一
	建筑供热系统和设备	提高采暖、空调系统、照明灯具、热水器、家用电器等设备的能源效率	
德国	建筑节能材料	通过规划设计实现	节能研究与应用处于世界领先地位。信贷机构推出节能项目,提供低息贷款,激励建筑节能
	建筑外围护结构	通过规划设计实现	
	建筑朝向	平衡建筑散热与得热	
	建筑 CO_2 排放	"CO_2 减排项目"和"CO_2 建筑改建项目"	

三、国内建筑节能现状

我国的建筑能耗居世界前列,每年建筑能耗约占社会总耗能的50%。我国自1993年颁布《民用建筑热工设计规范》(GB 50176—1993)以来,已经颁布十多部标准或者建筑规范来指导建筑节能工作(表6-3)。

表6-3 我国现行的建筑节能标准与规范

标准或规范名称	编号	实施或修订时间
《民用建筑热工设计规范》	GB 50176—1993	1993—10—01
《公共建筑节能设计标准》	GB 50189—2005	2005—07—01
《建筑节能工程施工质量验收规范》	GB 50411—2007	2007—10—01
《建筑门窗玻璃幕墙热工计算规程》	JGJ/T 151—2008	2009—03—01
《夏热冬冷地区居住建筑节能设计标准》	JGJ 134—2010	2010—08—01
《严寒和寒冷地区居住建筑节能设计标准》	JGJ 26—2010	2010—08—01
《建筑遮阳工程技术规范》	JGJ 237—2011	2011—05—01
《民用建筑绿色设计规范》	JGJ 229—2010	2011—10—01
《节能建筑评价标准》	GB/T 50668—2011	2012—05—01
《夏热冬暖地区居住建筑节能设计标准》	JGJ 75—2012	2013—04—01
《绿色工业建筑评价标准》	GB/T 50878—2013	2014—04—01
《绿色建筑评价标准》	GB/T 50378—2014	2015—01—01

根据《民用建筑热工设计规范》的规定,我国可以分为五个建筑气候区:严寒地区、寒冷地区、夏热冬冷地区、夏热冬暖地区和温和地区。针对这几个区域,我国相应地颁布了《夏热冬冷地区居住建筑节能设计标准》、《严寒和寒冷地区居住建筑节能设计标准》和《夏热冬暖地区居住建筑节能设计标准》,旨在有针对性地采用不同的建筑节能设计标准,减少因地域差别对节能设计方法的影响。

我国的建筑节能工作已经推广到全国各省市,并得到了地方政府的积极响应,制订了地方建筑节能标准,为我国的建筑节能工作奠定了基础。就目前国内的建筑节能情况,我国的建筑节能工作还有很大的发展空间。

但是就目前国内的建筑耗能现状来看,这些建筑节能标准实施的效果并不显著。这主要有两方面的原因:一是我国城市化进程不断加快,城市建筑数量不断增长;二是人们生活水平提高,对家用电器的需求量相继增加,增大了家庭的耗电量。在未来的十几年里,这些家用电器成为建筑能耗的巨头。因此在不新增建筑能耗的前提下,应该着重控制建筑自身的能量损失;否则在未来的十几年,建筑能耗问题会日益严重。

从表6-3可以看出,我国1993年开始颁布建筑节能设计标准,但是截至目前,我国居住建筑的节能水平与欧洲相比还相差甚远。中国的山东省与德国处在同一纬度,且建筑类型较为相似,但是建筑围护结构的保温性能却相差几倍,例如外墙传热系数为德国的3.5~4.5倍,外窗2~3倍,空气渗透3~6倍。从建筑采暖耗能量来讲,欧洲的平均水平为$8.6kg/m^2$标准煤,而在中国即便建筑节能水平达到了50%,其消耗量为$8.6kg/m^2$,约为欧洲国家的1.5倍;而山东省的平均水平为$22.45kg/m^2$。虽然说我国的建筑能耗量远高于欧洲国家,但是室内舒适度却远不及它们。德国供暖期为6个月,而山东的供暖期为4个月,如果山东省的采暖期按6个月计算,其实际能耗量将会更高。

受到能源短缺的影响,可再生能源逐渐受到关注,其中太阳能能源的开发利用尤为显著。经过几十年的发展,太阳能技术日益成熟,并在住宅建筑得到广泛利用。根据是否采用能源辅助设备,太阳能建筑可以分为主动式太阳能建筑和被动式太阳能建筑。现在,世界各国仍然在对太阳能建筑进行提升改造,因此在未来的建筑节能工作中会起到更重要的作用,具有很好的发展前景。

从我国的可再生能源在建筑中的利用情况来看,政府或科研机构应制订一部可再生能源建筑节能设计标准,从而缩小我国的建筑节能设计标准与发达国家的设计标准之间的差距。例如可以综合利用可再生能源系统,来实现建筑零能耗、零排放的节能环保目标。

然而,我国的太阳能建筑应用较少,而且受到地域性、区域经济差距以及地方扶持政策的不同,各地区对太阳能技术应用具有明显差距。例如,在我国农村地区,太阳能技术的应用水平较高。这主要是因为农村建筑密度较小,建筑结构简单,人们对太阳能资源利用的意识比较浅薄。此外,在城市地区,太阳能技术的应用也存在一定问题,这主要是因为太阳能技术不成熟,难以大幅度提高太阳能利用率。

因此,现阶段太阳能技术利用的难题为:①如何有效地解决太阳能的分散性和不均衡性的问题;②协调建筑采暖系统和生活能耗不同步的问题。具体为:如果能将太阳能有效地贮存和转换,从而解决因季节、时间以及气候变化而造成太阳能的不均衡功能问题,那么零污染、零能耗采暖的目标就将成为现实。在当前情况下,人们已经在太阳能的贮存和转换方面取得了一些成果,但是还没有得到广泛的应用,因此研究太阳能贮存和转换技术仍是我国可再生能源利用的关键和重点。

四、建筑节能设计的基本要求

(一)降低不必要的能耗

现在大多居民楼特征是冬冷夏热,造成这种情况的原因就是因为其围护结构隔热性能不佳。要想达到绿色节能提高建筑的宜居性,做好建筑的围护结构隔热设计就相当重要。①围护结构中的外墙部分。建筑中的围护结构外墙是其主要的建筑组成部分,其设计科学性是直接决定整个围护结构设计效果的。因此,对于外保温体系的选择,应结合建筑的自身条件与所处的周边环境综合考虑,做好外墙隔热系数的全面控制,并以最优性价比为原则进行最终确认。②围护结构中的门窗部分。随着社会的发展,在建筑围护结构中的门窗结构,采用玻璃门与大落地窗的越来越多。其通风换气性非常显著,透光性好。做好对其质量的控制,特别是在玻璃品种的选择上,应根据其建筑的制冷与采暖要求来进行,并分析建筑所在地的气候特征。通过加强门窗的气密性,以进一步减少建筑物不必要的能源消耗。

(二)提高节能效率

建筑节能设计需要充分利用可再生能源,比如太阳能和风能等都是属于可再生资源,并且需要开拓可再生资源的利用渠道,提高可再生资源的利用范围。①提高对于太阳能的利用率。太阳能作为最广泛最持续的热源供给,应用对于建筑绿色节能来说有着非常重要的意义。随着科技的发展,越来越多的太阳能应用将遍及建筑的供电与供暖方面。②提高自然光线采光利用率。自然光线是对眼睛与皮肤伤害最小的光线,天然的节能效果是完全满足建筑设计中对于绿色节能的要求的。所以在进行设计时,应利用尽可能的一切施工工艺与手段,把自然光多引入建筑物内。

第二节 绿色建筑的节能设计方法

一、节能建筑的特点

数据统计显示,建筑能耗占据了社会能耗的一大部分。建筑具有使用周期长的特点,因此建筑内部需要进行不断地采暖供应,尤其对于历史悠久的建筑,采暖系统非常不合理。如果不对采暖系统进行有效的改造,只会浪费更多的能源。对于那些耗能巨大的建筑,不但不能减少建筑的能源消耗,而且会继续长时间地浪费能源。我国一方面面临着能源短缺的难题,节能形势比较严峻,另一方面建筑耗能量巨大,容易造成大规模的能源浪费。这对于我国能源短缺现状来说,是极其不可持续的;如果不能得到合理地处理,将会严重阻碍我国可持续发展社会的建设。

绿色节能建筑是健康环保建筑。与普通建筑相比,节能建筑的室内采暖系统负荷要远远低于普通建筑。同样,节能建筑普遍采用了节能技术和措施,例如选择保温材料作为外围护结构,将建筑与外界热交换降低,减少热量的散失。在冬季,建筑内表面温度较高,人体辐射损失热量少,这可以有效地改善室内寒冷环境;而在夏季,建筑内表面温度较低,太阳辐射到人体热量较少,因此居住者并不会感觉到炎热。此外,外墙保温材料具有较好的贮热能力,可以在室内蓄积大量的热量。保温材料具有孔径小的特点,因此围护结构内的热量不易散失,直接保证了室内温度的稳定性和均匀性,从而能够给室内居住人群提供舒适的环境,并有利于人体健康和降低能耗。

二、节能建筑设计方法

针对控制建筑自身的节能,可以从以下几个方面进行,此外还需要采取相应的行政经济政策,促进建筑节能的发展。

(一)建筑布局

1.建筑朝向

我国位于北半球,太阳高度和角度的变化会影响建筑的朝向。为了适应建筑光照,我国建筑普遍采用坐北朝南的布局形式。夏季可以减少太阳辐射得热,避免室内温度过高;冬季可以获得更多的日照,增加太阳辐射得热。研究表明,建筑朝南对建筑节能十分有利,因为在一天中,不同时间段的太阳能辐射热量是不同的,这对具有不同性质的建筑物,对于能量的使用时间也是不一样的。同样,我国东西和南北跨度大,地区的气候特点也不大一样,不同地区的日照时长和太阳辐射强度也不一样。地域不同决定了建筑性质的不同,对能量需求也不相同。在建筑节能设计时,建筑师需要根据太阳能在不同地区、不同时段的分布情况以及建筑的功能类型(图 6-1)来确定建筑的具体朝向以充分利用太阳能,达到最佳的节能效果,并使建筑节能投资回报最大化。

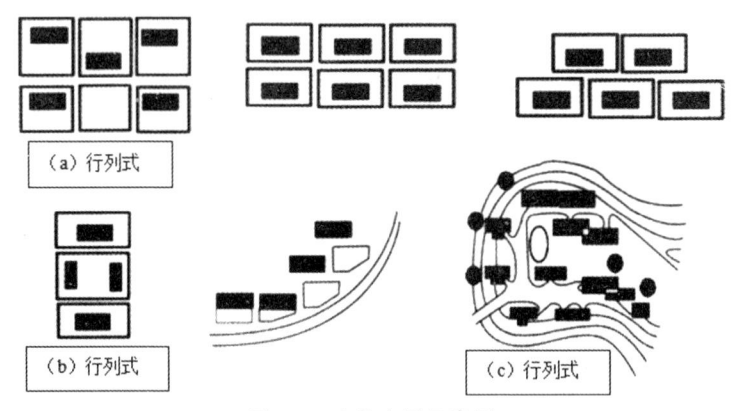

图 6-1 建筑布局示意图

2.建筑间距

目前,我国建筑设计规范对建筑满窗日照提出了明确要求,大部分地区的日照设计也是按照这一标准确定建筑间距,但是最初的建筑设计标准只是从建筑外形设计和人体健康的角度出发,并没有考虑到建筑节能的要求。同时,由于人们对城市空间居住要求的提高,高密度的建筑群体相继出现,房地产商为了降低成本,不遵守这一标准的情况时有发生。因此,加大日照间距标准的实施力度,并满足建筑节能需求,使建筑的大部分面积都能接受充足的日照,有效地将太阳辐射转化为可利用的热能,不失为减少建筑供暖负荷的有效途径。在修订建筑节能规范时,结合建筑节能设计要求,合理规划建筑布局(图 6-2),避免建筑间距过小导致建筑遮挡严重而不能接收足够的日照辐射热量,将对北方采暖区的建筑节能有很大的促进作用。

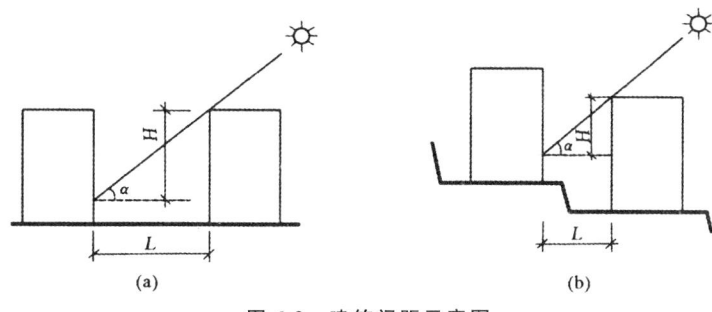

图 6-2　建筑间距示意图

(二)建筑体形

建筑体形系数是指建筑物与室外大气接触的外表面积(不包括建筑地面、采暖建筑的楼梯间隔墙以及户门的面积)与其所包围的体积的比值。

1.建筑能耗

从传热理论分析,外围护结构是建筑热量散失的主要途径,因此,建筑的外围护结构外表面积越小,越有利于建筑热量蓄存。实践表明,建筑节能性能具有以下规律:条式建筑优于点式建筑,高层建筑优于低层建筑,规整建筑优于奇异建筑。

从降低建筑能耗的角度出发,体形系数应控制在一个较低的水平上。我国的《民用建筑节能设计标准(采暖居住建筑部分)》中给出了建筑体形系数的阈值,通常数值不得高于 0.3;此外我国的《夏热冬冷地区居住建筑节能设计标准》对建筑物的体形系数给出了更为详细的说明:一般的矩形建筑的体形系数应该低于 0.35,而点式建筑物的体形系数应该低于 0.40,如表 6-4 所示。研究数据显示,当建筑物的体形系数控制在 0.15 左右时,建筑物的能耗量最小。

表 6-4　严寒和寒冷地区门窗节能设计

体形系数限值					窗墙面积比限值			
建筑层数	≤3层	(4~8层)	(9~13层)	≥14层	朝向	北	东、西	南
严寒地区	0.50	0.30	0.28	0.25	严寒地区	0.25	0.30	0.45
寒冷地区	0.52	0.33	0.30	0.26	寒冷地区	0.30	0.35	0.50

虽然说降低体形系数能够相应地降低建筑节能,但是建筑的体形系数不但与建筑围护结构的热量散失有关,它还决定着建筑的立体造型、平面布

局以及自然采光和通风等。因此,虽然建筑体形系数较小时,通常是指体积大且体形简单的多高层建筑,建筑节能水平较高,但是这将制约着建筑师的创造性,导致建筑形式呆板,甚至可能会损害建筑的一些基本功能。因此,在建筑设计时,要统筹建筑节能和建筑空间设计这两方面的内容。根据研究表明,建筑师在建筑形体设计时,可以遵循宽式建筑、高层建筑和外表规整建筑优先的原则。

2. 传热理论

在严寒或寒冷地区,建筑物的外围护结构尤为重要。建筑的散热面积大于吸热面积,容易导致建筑内侧气流不畅等,最终交角处内表面的温度远远低于主体内表面的温度。由于建筑的构造柱或框架柱常设立在建筑交角处,容易产生建筑的热桥效应,因此交角处是建筑物散热最多的部位。无论是外表规整的建筑,还是奇形怪状的建筑,只要存在外突出部位,必定会造成大量热量散失。相反,外部为球形或者圆柱形的建筑物,外突交角小,有利于降低建筑热量损失。

在我国北方地区,拐角处的建筑表面温度低于建筑主体内部的温度,同时建筑拐角处容易产生热桥效应,因此,在建筑节能设计中,建筑拐角部位需要成为节能重点考虑部位。由于圆形建筑的拐角数量最少,远低于矩形或者奇异建筑,因此圆形建筑的节能性能也远远优于矩形或者奇异建筑。

3. 辐射得热

从太阳辐射得热角度考虑,建筑的墙面应该尽可能地朝南,同时可能产生热交换的外表面积应尽可能地减少。研究表明,相对于朝南的正方形或者平面不规整建筑,朝南的长板式建筑面积所获得太阳辐射得热最多。因此,在建筑设计初期,应该尽量地增大建筑朝阳方向的面积,而其他方向的建筑面积越小越好,即建筑朝南面积占建筑总表面面积的比例越大,越有利于建筑节能。综合考虑南向建筑体形,南向墙面为矩形时,建筑吸收太阳辐射热量也要大于南向墙面为正方形或者建筑平面凸凹的建筑类型。

4. 风致散热

随着建筑高度的增加,建筑受到风作用更明显,对于热带地区的建筑,建筑越高,越有利于自然通风;在冬冷地区,需要尽量降低建筑的高度,以避免内部热量损失。在我国北方地区,应以多层或低层建筑为宜,尽量不建或少建高层建筑,以减少建筑物的热量损失。

(三)外围护结构设计

建筑是由外围护结构围成的封闭空间,外围护结构主要包括墙体、绿色屋面、门窗和地面构件。虽然上述构件围成了封闭空间,但是这些构件散失的热量约占建筑热量损失的40%,其中,因外墙传热而造成的热量损失达到48%。因此,减少外墙传热对提高建筑节能水平具有重要的意义。目前,我国外墙结构的热工性能计算主要依据《建筑围护结构节能工程做法及数据》(09J908-3)。随着对墙体保温重视程度的提高,人们在外墙结构中引入保温材料,从而增强了建筑节能效果。在工程中,比较常用的建筑保温材料有聚苯乙烯泡沫塑料、聚氨酯泡沫塑料、岩棉、珍珠岩等,这些材料通常能够满足规范对建筑外围护结构的传热系数的要求。

从概念上讲,外围护结构的保温性能是指在冬季室内外条件下,围护结构阻止由室内向室外传热,从而使室内保持适当温度的能力。从原理上讲,建筑外围护结构的保温机理十分简单,只要通过使用传热系数较小的或者传热阻较大的材料,阻止室内向室外的热量散失,就可以达到保温的目的。对于既有建筑,建筑外墙不可拆除,因此可以选择外保温或者内保温的形式,实现墙体保温的目的。从构造上讲,外墙保温和内墙保温的传热系数和传热阻是相同的,为了满足建筑结构抗震的需求,通常在外墙上设置混凝土圈梁和混凝土抗震柱,这就导致平均传热系数存在明显的不同。因此,相对于内墙内保温而言,外墙外保温能够更有效地切断建筑热桥,提高保温的整体性和有效保温性,防止外墙内表面冬季结露。因此,针对既有建筑,从建筑热工性能和可行性的角度考虑,建议采用外墙外保温措施。

(四)可再生能源

为了解决日益恶化的能源短缺问题,可再生能源的利用受到了各国的高度重视,尤其是太阳能技术及风能的应用,很大程度上降低了建筑能耗。太阳能热水器、太阳能灶和太阳能集热器、地下热利用(图6-3)等主动式或被动式太阳能系统和通风方式(图6-4)已广泛进入家庭,并取得了很好的节能效果。在我国,太阳能等可再生能源采暖系统在建筑中的应用存在一定的局限性,其主要原因是可再生能源在技术开发、经济适用和政策实施方面还存在一定的问题,阻碍了可再生能源利用的发展道路,我们需要从以下三个方面着力解决这些问题。

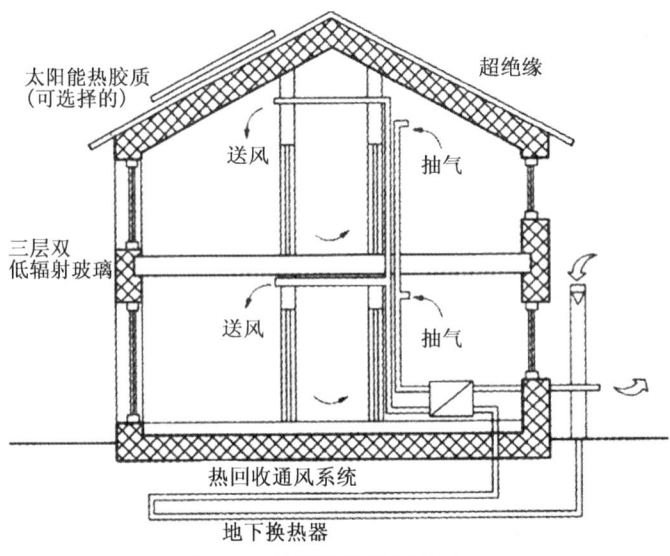

图 6-3 地下热利用示意图

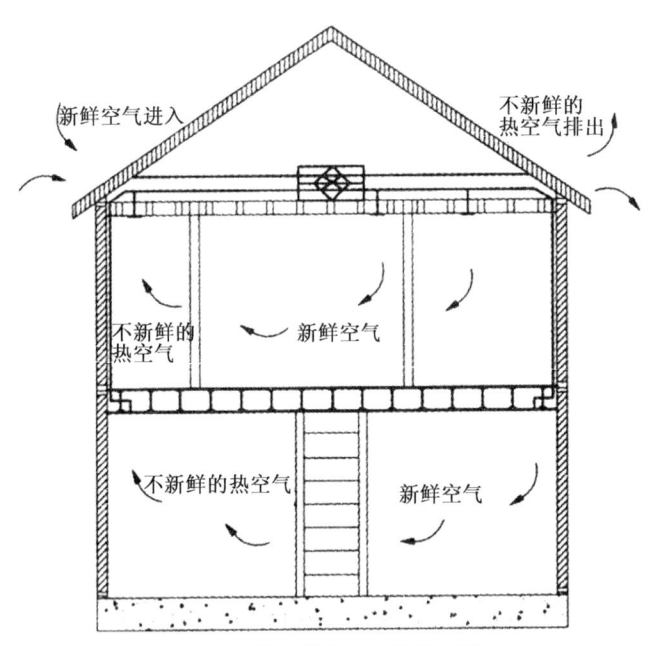

图 6-4 被动式住宅空气流通示意图

(1)节能技术。加大建筑技术的投入,促进建筑节能的发展。在可再生能源中,太阳能是最容易获取而且取之不尽的能源,但是太阳能资源具有很大的分散性与不均衡性,在不同地区的太阳能资源在不同季节与时间具有不稳定性。如果能够保证太阳能资源与居民生活用能习惯保持同步,那么人类目前供暖用能和生活能耗等将会得到极大程度上的满足。太阳能资源的转化技术包括光电和光热两个方面,工程师正从这两个方面进行研究,试图解决因天气状况、气候变化和时间变化造成的能源转化储存不便的难题。现阶段,只有加大对太阳能技术的投入,解决太阳能的贮存和转换技术问题,才能推进建筑节能工作,促使建筑实现零污染、零能耗的目标。

(2)能源政策。建筑节能不但要发展节能技术,而且需要相应的鼓励和资助政策来支持。目前可再生能源技术并不成熟,制造成本较高,应用到建筑中可能会出现入不敷出的情况,导致可再生能源技术的发展逐渐变缓。从可持续发展的角度考虑,建筑节能是一条必经之路,为了推动对于建筑节能政策发展,政府部分以及地方应该推出相应的鼓励和资助政策,从而更有力地推动建筑节能的发展。具体政策可以从降低成本和费用补贴方面出发,例如减免节能产品以及太阳能取暖系统的税费,降低销售价格;或对采用了建筑节能技术的各建筑物按建筑面积进行补贴,只有这样才能推动建筑节能工作的进步与发展,使人们自觉地将节能技术应用到建筑和日常生活中,促进建筑节能工作的深入和推广。

(3)能源经济。建筑节能是我国社会可持续发展战略的重要组成部分,影响着整个社会经济和社会文化的发展。如何有效地利用能源,改善空气质量,保护人类居住环境,是我国每个公民的义务和责任。一方面,政府应针对建筑设计、城市规划、能源使用以及建筑节能做出相对应的政策和标准,鼓励建筑设计师、房地产商以及居住人群遵守建筑节能标准。为了规范建筑师的建筑设计行为,国家颁发了《民用建筑节能标准》来鼓励和督促他们将建筑节能技术应用到建筑设计之中。房地产商为了降低成本,获得更大的利润,并不愿意按照建筑节能标准。同时消费者也因为价格高昂和节能效果不显著等原因,不愿意购买节能建筑。因此,为了让建筑节能得到更多的认可,政府部门应该更多地推广建筑节能监管措施,例如采暖系统温度控制和分项计量技术等,通过这些价值规律和经济手段来控制房地产开发商以及住户的能耗。这也是目前相当有效的能源管理政策,值得各地方政府部门采用和推广。另一方面,建筑节能在国外的应用和推广比较成熟,因此我国需要学习和效仿欧洲发达国家成熟的建筑节能技术。目前,国外在墙体外围护结构保温系统、太阳能利用技术和可再生能源利用如风能和地热能等方面的应用都比较成熟,我国可以将这些节能技术结合起来,并不断寻求和开发新的节能技术,努力实现建筑节能的零能耗、零污染的目标。

第三节 绿色建筑节地、节水、节材设计规则

一、绿色建筑节地设计规则

(一)土地的可持续利用

由于我国的人口数量众多,土地资源紧缺是我国面临的一个难题。土地资源作为一种不可再生资源,为人类的生存与发展提供了基本的物质基础,科学有效地利用土地资源也有利于人类生存生活的发展。国内外实际的城市发展模式表明,超越合理的城市地域开发,将引起城市的无限制发展,从而大大缩小农业用地面积,造成严重的环境污染等问题。在我国,大量的开发商供远大于需的开发建筑面积,影响了城市的正常发展,产生了很多的空城,人们的正常居住标准也得不到满足。因此,只有保证城市合理的发展规模,才能保证城市以外生态的正常发展。城市中的土地利用结构是指城市中各种性质的土地利用方式所占的比例及其土地利用强度的分布形式,而在我国城市土地利用中,绿化面积比较少,也突出了我国城市用地面积的不科学与不合理。近年来,城市建筑水平与速度的飞速提升,将进一步增加我国城市土地结构的不合理性。为了缓解城市中建筑密度过大带来的后果,非常有必要进行地下空间利用,保证城市的可持续发展。

在城市土地资源开发利用中,要遵循可持续发展的理念,其内涵包括以下五个方面。

第一,土地资源的可持续开发利用要满足经济发展的需求(图6-5)。人类的一切生产活动目的都是经济的发展,然而经济发展离不开对土地资源这一基础资源的开发利用,尤其是在经济高速发展、城镇化步伐突飞猛进的今天,人们对城市土地资源的渴求在日益加剧。但是如果一味追求经济发展而大肆滥用土地,破坏宝贵的土地资源,这种发展以牺牲子孙后代的生存条件为代价,将不能持久。因此,人们只有对土地资源的利用进行合理规划,变革不合理的土地利用方式,协调土地资源的保护与经济发展之间的冲突矛盾,才能实现经济的可持续健康发展,才能使人类经济发展成果传承千秋万代。

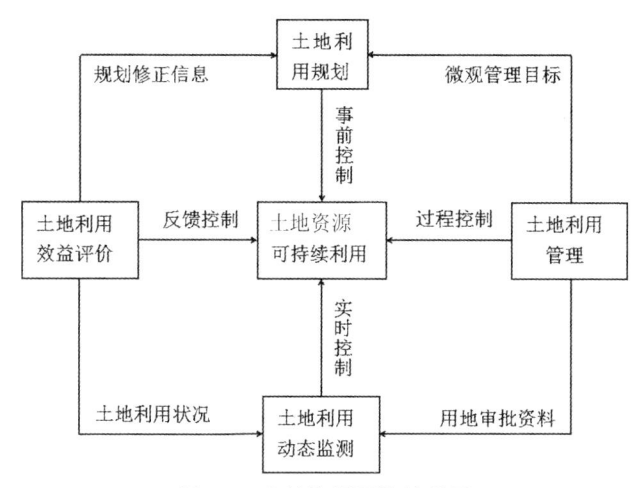

图 6-5　土地资源可持续利用

第二,对土地资源的可持续利用不仅仅是指对土地的使用,它还涉及对土地资源的开发、管理和保护等多个方面(图 6-6)。对于土地的合理开发和使用,主要集中在土地的规划阶段,选择最佳的土地用途和开发方式,在可持续的基础上最大限度地发挥土地的价值;而土地的"治理"是合理拓展土地资源的最有效途径,采取综合手段改善一些不利土地,变废为宝;所谓"保护"是指在发展经济的同时,注重对现有土地资源的保护,坚决摒弃以破坏土地资源为代价的经济发展。只有做到对土地的合理开发、使用和保护才能得到经济社会的长期可持续发展。

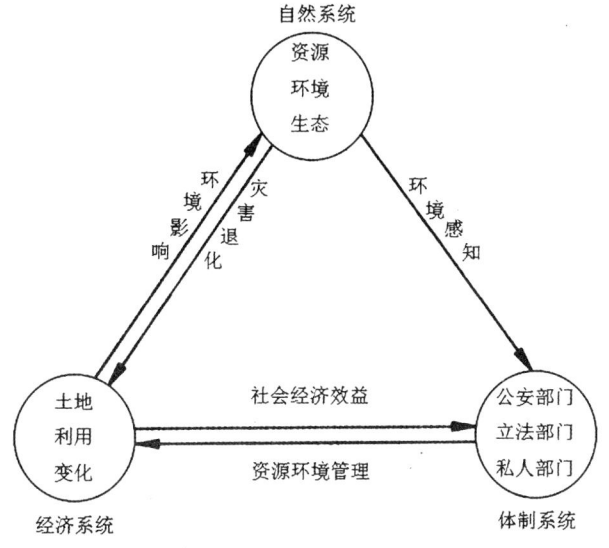

图 6-6　土地利用—环境效应—体制响应反馈环

第三，实现土地资源的可持续利用，要注重保持和提高土地资源的生态质量。良好的经济社会发展需要良好的基础，土地资源作为基础资源，其生态质量的好坏直接影响着人类的生存与发展。两眼紧盯经济效益而对土地资源的破坏尤其是土地污染视而不见是愚蠢的发展模式，是贻害子孙后代的发展模式，短期的财富获得的同时却欠下了难以偿还的账单。土地资源的可持续利用要求我们爱护珍贵的土地，使用的同时要注重保持它原有的生态质量，并努力提高其生态质量，为人类的长期发展留下好的基础。

第四，当今世界人口众多，可利用土地资源相对匮乏，土地的可持续利用是缓解土地紧张的重要途径。全球陆地面积占地球面积的29%，可利用土地面积少之又少，而全球人口超过60亿，人类对土地的争夺进入白热化阶段，不合理开发和过度使用等问题日趋严重，满足当代人使用的同时却使可利用土地越来越少，以致直接影响后代人对土地资源的利用。只有可持续利用土地，在重视生态和环境质量的基础上最大限度地发挥土地的利用价值，才能有效缓解"人多地少"的紧张局面。

第五，土地资源的可持续利用不仅仅是一个经济问题，它是涉及社会、文化、科学技术等方面的综合性问题，做到土地资源的可持续利用要综合平衡各方面的因素。

上述各因素的共同作用形成了特定历史条件下人们的土地资源利用方式，为了实现土地资源的可持续利用，需对经济、社会、文化、技术等诸因素综合分析评价，保持其中有利于土地资源可持续利用的部分，对不利的部分则通过变革来使其有利于土地资源的可持续利用。此外，土地资源的可持续利用还是一个动态的概念。随着社会历史条件的变化，土地资源可持续利用的内涵及其方式也呈现一种动态变化的过程。

可持续发展的兴起很大程度上是由于对环境问题的关注。传统的城市化是与工业化相伴随的一个概念，其附带的产物就是城市化进程中生态环境的恶化，这在很多传统的以工业化来推进城市化进程的国家中几乎是一个共同的现象。因此，强调城市化进程中的生态建设便构成了土地持续利用的重要方面。这里强调的生态建设原则在一定程度上意味着并不仅仅是对生态环境的保护问题，甚至在很大程度上意味着通过人类劳动的影响使得生态环境质量保持不变甚至有所提高。

(二)城市化的节地设计

从土地的利用结构上来看，在城市发展的不同阶段，土地资源的开发程度也会不同。从城市发展的进程上来看，城市结构的调整也会影响着土地资源的流动分配，进而发生土地资源结构的变动。农业占有较大比例的时

第六章　城市建筑节能与能源有效利用技术

期为前工业化阶段,土地利用以农业用地为主,城镇和工矿交通用地占地比例很小。随着工业化的加速发展,农业用地和农业劳动力不断向第二、三产业转移。如果没有新的农业土地资源投产使用,那么农业用地的比例就会迅速下降,相反城市用地、工业用地以及交通用地的比例就会不断提升。在产业结构变化过程中,农业用地比例下降,就会产生富余劳动力,这些劳动力就会自动地向第二产业和第三产业流动,直到进入工业化时代,这种产业结构的变动才会变缓。随着工业的不断增长,工业用地增长就会放缓,相应的第三产业、居住用地以及交通用地的比例就会增加。在发达国家中,包括荷兰、日本、美国等国家,在城市化发展的进程中,就经历过相同的变化趋势。从总体上讲,城市的发展过程中见证着城市土地资源集约化的过程,土地对资本等其他生产性要素的替代作用并不相同,这一现象可以用来解释不同城市化阶段中的许多土地利用现象,如土地的单位用地产值越来越高等。

此外,城市的规模对建设用地也有一定的影响。如表 6-5 所示为不同城市规模对各类用地的影响,随着城市发展规模的减小,可采用的建设用地面积越大,相应地,各种功能的建筑用地面积也越大。

表 6-5　不同城市规模的人均用地

	建设总用地	工业用地	仓库用地	对外交通用地	生活居住用地	其他用地
特大城市	57.8	15.0	3.3	3.0	26.8	9.7
大城市	74.0	24.4	4.2	5.3	29.5	10.6
中等城市	81.1	27.3	5.4	5.5	32.9	10.0
小城市	92.6	27.7	8.0	6.4	39.8	10.7
较小城市	101.1	29.9	8.7	7.8	44.0	10.7

在一定程度上,城市各类用地的弹性系数表明了不同城市规模的用地效率。城市用地的弹性系数越小,说明城市的土地资源较为紧张,其用地效率也就越高。一般地,在我国城市化进程中,各类城市的用地弹性系数具有很大的差异。城市的用地弹性系数与城市中的人口增长率和城市年用地增长率等因素密切相关。如果城市的土地增长弹性系数数值为 1,表明城市中的人口增长率与年用地增长率持平,说明城市的人均用地不发生变化。如果稀释大于 1,则说明城市扩张加快,人均用地面积增加;相反,如果弹性系数小于 1,说明城市的用地面积增长率低于城市人口增长率,人均用地面积减少。

(三)建筑设计的节地策略

有关建筑设计中的节地策略,许多专家和学者也给出了自己的观点。我国前建设部部长汪光焘指出建筑节地的内容在于:①合理规划设计建筑用地,减少对耕地和林地的占用,尽量地开发荒地、劣地以及坡地等不适合耕种的土地资源。②合理开发设计建筑区,在保证建筑健康、舒适和满足基本功能的前提下,能够增加小区内建筑层数,提高建筑用地的利用率。③进行优化设计,改善建筑结构,增加建筑可使用面积,向下开发地下空间,提高土地资源利用率;提高建筑质量,减少建筑重建周期,有效提高建筑的服役年限;同时也要合理设计建筑体形,实现土地集约化发展。④提高建筑居住区内的景观,满足人们对室外环境的功能需求;也可以通过设计地下停车场和立体车库,减少建设用地的占用,提高土地利用率。我国建设部的王铁宏工程师则从规划设计、围护结构和地下空间三个方面指出节约土地的要求:首先建筑要满足规划设计要求,通过小区规划布局,实现土地的集约化发展,特别地要保证开发区域的土地集约化。

著名专家学者张玉坤,通过研究农业建设用地情况,提出了一种节能理念,也就是"零占地"住宅。这种住宅形式已经在天津市的一个地区开发建设项目上得以实施,该项目为6栋居住建筑,建筑的进深为15.5m,间距25m,交通道路宽度为6m,人行道的宽度为1.5m。在建筑空间内,除了交通和建筑用地以外,其他的用地均为农作物和鱼类养殖用地,从而保证建筑用地的100%利用。在建筑设计中,屋顶除了能够进行绿化屋顶以外,还可以进行农业种植,公共绿地可以种植农作物和进行鱼类养殖。经过推算,该区域的用地面积为1.6万m^2,住宅户为360户,建筑仅占地475m^2,从而保证了建筑区域"零土地"浪费。

建筑设计中很多设计元素都有可能影响到整个建筑的土地利用率,所以在建筑设计初期,就应将《绿色建筑设计标准》中对节地的相关条例和规范考虑到设计中。

在进行居住区规划设计时,住宅的布局方式的选用尤为重要。建筑的布局形式不但会影响到居住区的土地资源利用率,而且会影响到建筑的其他基本功能,例如通风、采光和交通便利性等。同样,小区的规划设计会受到其他因素的影响,例如气候条件和地形条件。如果居住开发区域为市区,土地资源的经济价值较高,此时会适当地提高小区的容积率,从而充分发挥土地资源的价值。按照建筑的规划布局方式,可以将小区的布局方式分为三种:行列式布局、周边式布局以及混合式布局。这三种小区布局分别具有各自的特点,具有不同的气候和地理条件适应性。在小区规划中需要按照气候条件和场地状况,并进行数字化模拟来选择合适的规划布局方式。

减少住宅的日照间距是节地的一个途径,住宅日照间距系数是以正南和正北向布局为依据的,按照城市的建筑小区规划设计要求,可以通过调整单体建筑的角度来获得合适的光照时长和强度。在建筑设计中,由于地形、气候以及建筑环境影响,建筑师需要主动或者被动地调整建筑方位,这时候人们提出了折减系数来表示建筑与正南向建筑的方位角差异。从理论来看,建筑的最佳朝向为南偏东,因此在此基础上,通过合理地调整住宅的角度(表6-6),除了能够获得良好的通风和采光以外,还能够调整住宅形式,从而实现建筑节地。

《我国城市居住规划设计规范》指出:建筑光照的最低标准为最底层建筑的窗台位置,相当于距离建筑地坪0.9m处的外墙位置,大寒日或者冬至日时,建筑的光照时长应该达到表6-7的标准。为了满足建筑的光照需求,可以采用较为合理的布置方式为北向退台式建筑,这样就可以减少对后排建筑的遮挡,同时也就可以缩小光照时长,提高小区的容积率,节省土地资源。如果在建筑土地上布置6栋普通居住建筑和6栋北向退台式建筑,层高均设为208m,日照系数设定为1.5m,经过计算北向退台式建筑的节地效果十分明显。同时,如果在建筑场地的北部设计楼宇,就不会对场地以外的建筑造成日照影响,因此可以通过增加建筑的高度,相应地建筑的容积率也会提升,土地资源能够得到充分开发。从建筑环境的角度来讲,北部高楼建筑也能够起到阻隔噪声的作用,保证小区不受冬季冷风的侵袭,从而能够为小区提供一个健康舒适的环境。

表6-6　全国部分地区建筑建议朝向

地区	最佳朝向	适宜朝向	不宜朝向
北京地区	正南至南偏东以内	南偏东以内、南偏西以内	北偏西
上海地区	正南至南偏东	南偏东、南偏西	北、西北
石家庄地区	南偏东	南至南偏东	西
太原地区	南偏东	南偏东至东	西北
呼和浩特地区	南至南偏东、南至南偏西	东南、西南	北、西北
哈尔滨地区	南偏东	南至南偏东、南至南偏西	西北、北
长春地区	南偏东、南偏西	南偏东、南偏西	西北、北、东北
沈阳地区	南、南偏东	南偏东至东、南偏西至西	北、东北至北、西北
南京地区	南、南偏东	南偏东、南偏西	西北

续表

地区	最佳朝向	适宜朝向	不宜朝向
广州地区	南偏东、南偏西	南偏东、南偏西至西	—
济南地区	南、南偏东	南偏东、南偏西至北	西偏北
重庆地区	南、南偏东		东、西

表6-7 住宅建筑日照标准

建筑气候区划	Ⅰ,Ⅱ,Ⅲ,Ⅶ气候区		Ⅳ气候区		Ⅴ,Ⅵ气候区
	大城市	中小城市	大城市	中小城市	
日照标准日	大寒日				冬至日
日照时数(h)	≥2		≥3		≥1
有效日常时间带	8 12				9 15
日照时间计算起点	底层窗台面				

此外,建筑规划师在早期可以进行小区的规划布置,设置与之配套的公共设施,保证居民能够在较短的时间内到达公共活动中心,这样就能够统一分区开发土地资源,做到公共设施的集中使用,从而提高居住设施的使用率。如果这些公共设施较为分散或者间距过大,就会因为其交通不便,而起不到应有的效果。

二、绿色建筑的节水设计规则

(一)绿色建筑节水问题与可持续利用

绿色建筑是可持续发展建筑,能够与自然环境和谐共生。而水资源作为自然环境的一大主体,是建筑设计中必须考虑的一个重要因素。节水设计就是在建筑设计、建造以及运营过程中将水资源最优化分配和利用。从目前我国的水资源利用现状来看,水资源的可持续利用是我国的经济社会发展命脉,是经济社会可持续发展的关键。

建筑的施工建造过程中会消耗大量的自然资源和对自然环境造成严重的危害。我国是世界上26个最缺水国家之一,由于我国庞大的人口数量,导致虽然我国的水资源总量排名世界第6,但是人均占有量才是世界人均占有量的1/4。而在社会耗水量中,建筑耗水量占据相当大的比例,所以建筑的节水设计问题是绿色建筑迫在眉睫的问题。

以建筑物水资源综合利用为指导思想分析建筑的供水和排水,不但应考虑建筑内部供水排水系统,还应当把水的来源和利用放到更大的水环境中考虑,因此需要引入水循环的概念。绿色建筑节水不单单是普通的节省用水量,而是通过节水设计将水资源进行合理的分配和最优化利用,是减少取用水过程中的损失、使用以及污染,同时人们能够主观地减少资源浪费,从而提高水资源的利用效率。目前,由于人们的节水意识以及节水技术有限,因此在建筑节水管理中,需要编制节水规范,采用立法和标准的模式强制人们采用先进的节能技术。同时应该制订合理的水价,从而全面地推进节水向着规范化的方向迈进。建筑节水的效益可以分为经济效益、环境效益和社会效益,实现这一目标最有效的策略在于因地制宜地节约用水,既能够满足人们的需求,又能够提高节水效率。

建筑节水主要有3层含义:首先是减少用水总量,其次是提高建筑用水效率,最后是节约用水。建筑节水可以从4个方面进行,主要包括:供水管道输送效率,较少用水渗漏;先进节水设备推广;水资源的回收利用;中水技术和雨水回灌技术。如图6-7和图6-8所示是通过雨水收集回用,实现水资源的回收利用。此外,还可以通过污水处理设施,实现水资源的回收利用。在具体的实施过程中,要保证各个环节的严格执行,才能够切实节约水资源,但是目前我国的水资源管理体制还有很大的欠缺,需要在以后加以改进执行。

图6-7 建筑雨水回收技术

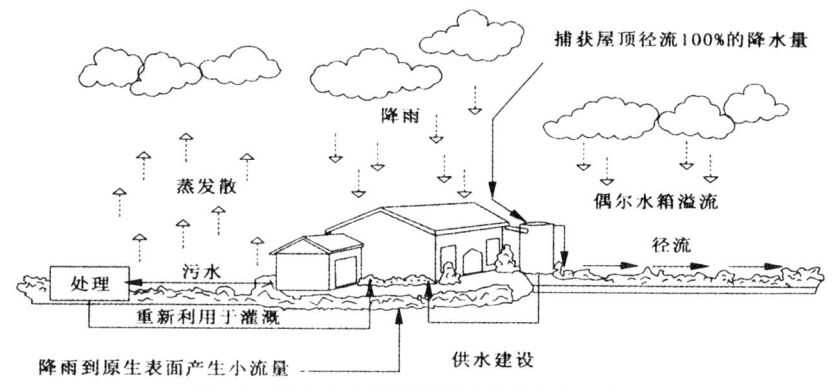

图6-8 城市住宅区学校雨水收集利用示意图

人们都视水资源为一种永远用不完的东西,因此对于水,则随意乱用,完全没有珍惜水的意识,更谈不上行为上去节约水资源。然而,国内多地出现的用水难、缺水等问题,说明了情况并非人们想象中的那样。水资源之所以出现匮乏,甚至有些地方无水的主要原因有两大方面。

一方面是中国每年的人口在不断增长,且人民生活水平随着经济和社会的发展不断提高,自然地对于水资源的需求量增加,且呈直线式增长,但是某一地区,可用水资源的量是有限的,因此部分地区初现水荒,甚至某些地区出现断水的情况;另一方面是由于国家的不断发展,工业等主要行业作为国家的主要产业,不断增多,加上人员多,且多无节水意识,造成了大量可用水资源的污染。

水资源是全世界的珍贵资源之一,是维持人类最重要的自然因素之一。为了解决水资源缺乏的问题,人们在绿色建筑设计中,十分重视节能这一重要问题。在绿色建筑的节水理念中,要求水资源能够保证供给与产出相平衡,从而达到资源消耗与回收利用的理想状态,这种状态是一种长期、稳定、广泛和平衡的过程。在绿色建筑设计中,人们对建筑节水的要求主要表现在以下四点。

1)要充分利用建筑中的水资源,提高水资源的利用效率;
2)遵循节水节能的原则,从而实现建筑的可持续发展利用;
3)降低对环境的影响,做到生产、生活污水的回收利用;
4)要遵循回收利用的原则,能够充分考虑地域特点,从而实现水资源的重复利用。

一方面,水的重复利用重点宜放在中水使用和雨水收集上。在目前水资源十分紧缺的情况下,随着城市的不断扩张,水资源的需求量不断上升,同时水污染现象也正在越来越严重。另一方面,城市的水资源随着降水,没有经过回收利用,就会白白流失。伴随着城市的改建与扩张,城市的建筑、道路、绿地的规划设计不断变化,导致地面径流量也会发生变化。建设"海绵城市"可以加强城市水资源的回收,防止水资源白白流失。

城镇发展对城市排水系统的要求越来越大,我国城市中普遍存在排水系统规划不合理的问题,造成不透水面积增大,雨水流失严重,这就造成了地下水源的补给不足,同时也会造成城市内涝灾害的发生。此外,城市雨水携带着城市污染物主流河流,也会造成水体污染,导致城市生态环境恶化。对于水资源可持续利用系统,应该将重心放在水系统的规划设计、施工管理上,实现城市水体输入和输出平衡,保证其可靠性、稳定性和经济性。

我国水资源分布不均,因此要建筑供水是一个需要解决的难题。建筑在运营期间对水资源的消耗是非常巨大的,因此要竭尽所能实现公用建筑的节水。由于建筑的屋顶面积相对较大,因此为屋顶集水提供了较为有利的条件。我国很多的建筑已经开始使用中水技术,对雨水进行回收处理,用于卫生间、植被绿化以及建筑物清洗。从设计角度把绿色建筑节水及水资源利用技术措施分为以下几个方面。

1. 中水回收技术

为了满足人们的用水需求,减少对净水资源的消耗,我们必须在环境中回收一定量的水源,中水回收技术能够满足上述需求,同时也能够减少污染物的排放,减少水体中的氮磷含量。与城市污水处理工艺相比,中水回收系统的可操作性较强,而且在拆除时不会产生附加的遗留问题,因此对环境的影响较小。在我国绿色建筑的开发中,采用了中水回收技术和污水处理装置,从而能够保证水资源的循环使用。由于中水回收技术,一方面能够扩大水资源的来源,另一方面可以减少水资源的浪费,因此兼有"开源"和"节流"两方面的特点,在绿色建筑中可以加以应用。

在中水回收装置设计时,人们往往只考虑了其早期投入,而很少计算其在运行中的水效益。这样在投资过程中,就会造成得不偿失的结果。因此在中水处理中,需要将处理后的水质放在第一位,这就需要采用先进的工艺和手段。如果处理后水源的水质达不到要求,那么再低廉的成本也是资源与财力的浪费。

随着科学技术的进步与经济实力的增长,对于传统的污水处理工艺,例如,臭氧消毒工艺、药用炭处理工艺以及膜处理工艺,在使用过程中经过不断的改进与发展,已经趋于安全高效。人们在建筑节能设计中的观念也随着不断改变,国际上人们普遍采用的陈旧的节水处理装置,因为水源处理过程效率较低而逐渐被摒弃。同时,随着自动控制装置和监测技术的进步,建筑中的许多污染物处理装置可以达到自动化。也就是说,污水处理过程逐渐简单化。因此通过上述过程,我们就不用考虑处理过程的可操作性,只要保证建设项目的性价比,就可以检测水源处理过程。

绿色建筑中水工程是水资源利用的有效体现,是节水方针的具体实施,而中水工程的成败与其采用的工艺流程有着密切联系。因此,选择合适的工艺流程组合应符合下列要求:首先是适用工艺,采用先进的工艺技术,保证水源在处理后达到回用水的标准;其次是工艺经济可靠,在保证水质的情况下,能够尽可能地减少成本、运营费用以及节约用地;再次是水资源处理过程中,能够减少噪声与废气排放,减少对环境的影响;最后是在处理过程中,需要经过一定的运营时间,从而达到水源的实用化要求。如果没有可以采用的技术资料,可以通过实验研究进行指导。

2.雨水利用技术

自然降水是一种污染较小的水资源。按照雨形成的机理,可以看出降雨中的有机质含量较少,通过水中的含氧量趋近于最大值,钙化现象并不严重。因此,在处理过程中,只需要简单操作,便可以满足生活杂用水和工业生产用水的需求。同时,雨水回收的成本要远低于生活废水,同时水质更好,微生物含量较低,人们的接受度和认可度较高。建筑雨水收集技术经过10多年的发展已经趋于完善,因此绿色小区和绿色建筑的应用中具有较好的适应性。从学科方面来看,雨水利用技术集合了生态学、建筑学、工程学、经济学和管理学等学科内容,通过人工净化处理和自然净化处理,能够实现雨水和景观设计的完美结合,实现环境、建筑、社会和经济的完美统一。对于雨水收集技术虽然伴随着小区的需求而不同,但是也存在一定的共性,其组成元素包括绿色屋顶、水景、雨水渗透装置和回收利用装置(图6-9)。

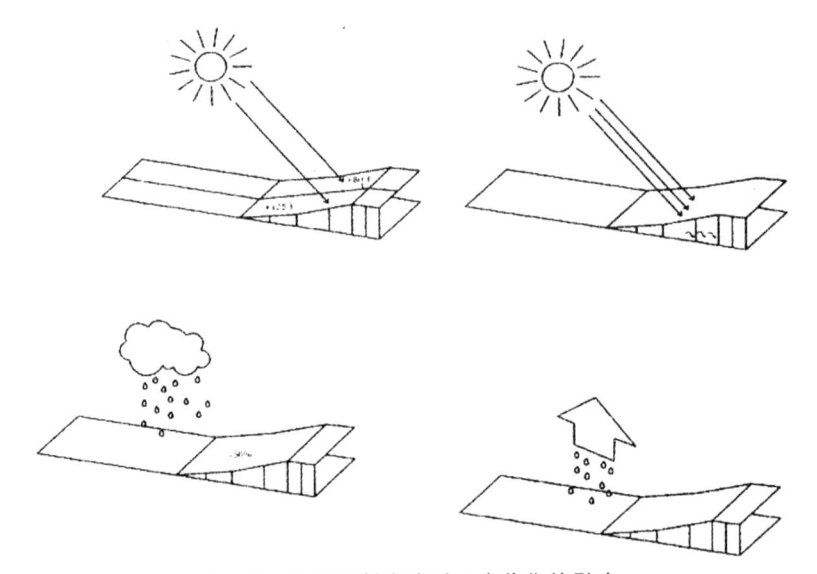

图6-9 屋顶倾斜方式对雨水收集的影响

伴随着技术的不断进步,有很多专家和工程师已经将太阳能、风能和雨水等可持续手段应用于花园式建筑的发展之中。因此,在绿色建筑设计中,能够切实地采用雨水收集技术,其将与生态环境和节约用水等结合起来,不但能够改善环境,而且能够降低成本,产生经济效益、社会效益和环境效应(图6-10)。

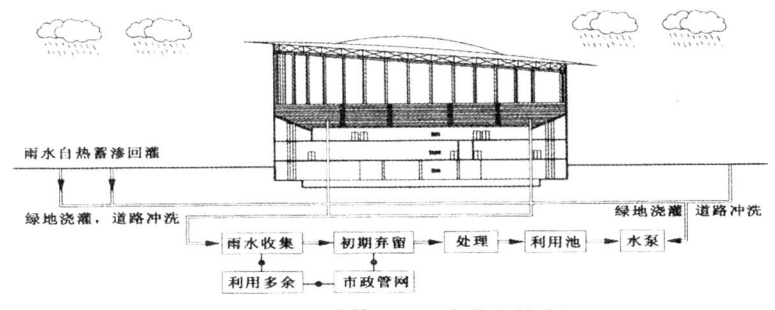

图 6-10 世博园区雨水收集技术解析

在绿色建筑设计中,可以通过景观设计实现建筑节水。首先,在设计初期要提高合理完善的景观设计方案,满足基本的节水要求,此外还要健全水景系统的池水、流水及喷水等设施。特别地,需要在水中设置循环系统,同时要进行中水回收和雨水回收,满足供水平衡和优化设计,从而减少水资源浪费。

3.室内节水措施

一项对住宅卫生器具用水量的调查显示:家庭用的冲水系统和洗浴用水约占家庭用水的50%以上。因此,为了提高可用水的效率,在绿色建筑设计中,提倡采用节水器具和设备。这些节水器具和设备不但要运用于居住建筑,还需要在办公建筑、商业建筑以及工业建筑中得以推广应用。特别地,以冲厕和洗浴为主的公共建筑中,要着重推广节水设备,从而避免雨水的跑、冒、滴、漏现象的发生。此外还需要人们通过设计手段,主动或者被动地减少水资源浪费,从而主观地实现节水。在节水设计中,目前普遍采用的家庭节水器具包括节水型水龙头、节水便器系统以及淋浴头等。

(二)绿色建筑节水评价

绿色建筑节水评价指标是评价所要实现的目标及诸多影响因素综合考虑的结果。绿色建筑节水评价主要针对绿色建筑用水,因而所有与绿色建筑用水有关的因素在制订指标体系初期皆应在考虑之列。

1.绿色建筑节水评价指标体系框架

根据已有的绿色建筑评价体系中对节水的指导要求以及建筑节水评价指标设置的原则,经调研测试和分析权衡影响建筑节水诸因素对应的节水措施在当前实施的可行性程度及其经济效益和社会效益的大小,广泛征求专家意见,提出"建筑节水评价指标体系框架"。

2. 绿色建筑节水措施评价指标及评价标准

在绿色建筑设计中,中水回收利用技术是建筑师较为青睐的节水措施之一,这种技术具有效率高规模大的特点。这样在建筑中产生的废水就可以实现就地回收利用,从而可以减少建筑用水的使用量。在建筑上,采用中水回收利用技术,可以减少建筑对传统水源的依赖性,达到废水、污水资源化的目的,在资源紧缺的大背景下,能够有效地缓解水资源矛盾,促进社会的可持续发展。因此绿色建筑的中水回收利用技术理应受到全社会的重视。

随着水处理技术和水质检测技术的发展,建筑用水质量检测将会变得越来越常态化,随着日常生活中水质监测次数的增长,建筑水源监测流程与处理过程将越来越方便便宜。在中水回收利用技术中,水质指标受到水处理技术、供给水源水质及其变化情况的影响很大,因此在绿色建筑中要求水质的达标率达到100%方可记为合格,否则将会加重对环境的污染,导致节水效果化为乌有。也就是说,只有水质的达标率达到100%,才能认为其权重为1,否则为0。

建筑用水的影响因素众多,因此对建筑用水指标的评价需要综合各种因素方可完成,在因素选择中需要采用综合评价法。综合评价法的一般过程为基于给定的评价目标与评价对象,选择给定的标准,综合分析其经济、环境与社会等多个方面中的定性与定量指标,然后通过计算分析,显示被评价项目的综合情况,从而指出项目中的优势与不足,从而为后续工作中的决策提供数据信息。总的来说,各因素对水质和水资源的作用方式不同,从多个角度影响着建筑节水效果。所以采用综合评价法能够从多个方面将评价目标与对象分解为多个不同的子系统,然后对各个小项进行逐一评价。分析各小项之间的关联性,采用适当的方法进行组合求和,做出评价。在综合评价法中,人们比较常用的方法为模糊综合评价法和层次分析法。

1)模糊综合评价

模糊综合评价这一方法由于环境是模糊性的,故在评判过程中受到很多影响因素的作用。模糊综合是指依据特定的目的综合评判和决定某一项事物。它的基本原理是Fuzzy模拟人的大脑对事物进行评价的过程。理论实践中,人们评价一项事物采用最多的是多种目标、因素与指标相结合的方法。但是随着评价系统变得更加复杂的情况下,对系统的不准确性和不确定性的描述也变得更加复杂。该系统所拥有的两项特性同时又具备随机性和模糊性。再者,人们大多数情况下评价事物时是模糊性的,所以根据人脑评价事物的这一特性,我们采用模糊数学的方式评判复杂的系统,是完全能够模拟甚至吻合人类大脑的全过程的。实践证明,在众多评判方法中,模糊综合评判是最有效的方法之一。各个行业人士都在广泛应用该评判方法,并借鉴模糊评判方法的原理加以运用到其他评判方法中。

2)绿色建筑节水评价方法的选择

对比上述内容提到的两种评价方法,我们不难发现,模糊综合评价方法的优势在于评价结果采用向量的方式标志,相比于其他评价方法更加直接客观,但是整个计算过程比较烦琐。另外,层次分析法就比较直接简单,适用于一些目标和准则较多或者没有结构特征的问题来进行复杂的决策评判,被各界人士广泛应用于素质测评、经济评估、管理评价、资源分析和安全经济等专业。综上所述,这两种评价方法在绿色建筑节水评估中可以求同存异,相辅相成。

3)绿色建筑节水措施评价

上述提到综合运用模糊综合评价法和层次分析法进行绿色建筑节水措施的最终节水效果评价,最后可以分析各种不同的节水措施在绿色建筑节水中的效果和应用频率。频率越大的表示该项节水措施达到的节水效果越显著,即可以加以运用到绿色建筑节水设计中。

1)绿色建筑节水措施的层次结构模型

我们按照层次分析法的要求构建绿色建筑节水设计中的层次结构模型,主要包括以下几点:目标层次结构模型(节水措施所要实现的节水效果)、措施层次模型(管理制度、雨水收集率、设备运行负荷率、工作记录、设备安装率、水循环利用率、防污染措施、中水水质、利用水质量合格率、回收废水、雨水收集等利用率、水循环措施、节水宣传效果)和二级评价目标层次模型(雨水、中水利用率、节水管理效果)。

2)绿色建筑节水措施的层次分析评价

对比分析 1 到 9 各个标度的方法,采纳绿色建筑专家的专业建议,依次确定各个影响因素相互之间的关联性和重要性来得到各自的分值,勾勒出不同层次的评判矩阵,最后计算出结果向量并进行一致性校验。

(三)绿色建筑节水措施的应用

1.绿色建筑雨水利用工程

近年来,在绿色建筑领域发展起来一种新技术——绿色建筑雨水综合利用技术,并实践于住宅小区中,效果很好。它的原理中利用到很多学科,是一种综合性的技术。净化过程分为两种形式:人工和自然。这一技术将雨水资源利用和建筑景观设计融合在一起,促进人与自然的和谐。在实际操作中需要因地制宜,考虑实际工程的地域以及自身特性来给出合适的绿色设计,例如,可以改变屋顶的形式,设计不同样式的水景,改变水资源再次利用的方式等。科技日新月异,建筑形式在多样化的同时也越来越强调可持续发展,可以把雨水以水景的模式利用再和自然能源相结合建造花园式建筑来实现这一目标。这一技术在绿色建筑中,在使水资源重复利用的同时改善了自然环境,节约了经济成本,带来了巨大的社会效益,所以应该加大推广力度,特别是在条件适宜的地区。这种技术也有缺点:降水量不仅受区域影响还受季节影响,这就要求收集设施的面积要足够大,所以占地较多。

2. 主要渗透技术

雨水利用技术在绿色建筑小区中通过保护本小区的自然系统,使其自身的雨水净化功能得以恢复,进而实现雨水利用。水分可以渗透到土壤和植被中,在渗透过程中得到净化,并最终存储下来。将通过这种天然净化处理的过剩的水分再利用,来达到节约用水、提高水的利用率等目的。绿色建筑雨水渗透技术充分利用了自然系统自身的优势,但是在使用过程中还要注意这项技术对周围人和环境以及建筑物自身安全的影响,以及在具体操作时资源配置要合理。

在绿色建筑中应用到很多雨水渗透技术,按照条件分类不同。按照渗透形式分为分散渗透和集中渗透。这两种形式特点不同,各有优点和缺点。分散渗透的缺点是:渗透的速度较慢,储水量小,适用范围较小。优点是:渗透充分,净化功能较强,规模随意,对设备要求简单,对输送系统的压力小。分散渗透的应用形式常见的为地面和管沟。集中渗透的缺点是:对雨水收集输送系统的压力较大,优点是规模大,净化能力强,特别适用于渗透面积大的建筑群或小区。集中渗透的应用形式常见的有池子和盆地形。

3. 节水规划

用水规划是绿色建筑节水系统规划、管理的基础。绿色建筑给排水系统能否达到良性循环,关键就是对该建筑水系统的规划。在建筑小区和单体建筑中,由于建筑或者住户对水源的需求量不同,这主要与用户水资源的使用性质有关。在我国《建筑给水排水设计规范》(GB50015—2003)中提供了不同用水类别的用水定额和用水时间。在我国中水回收利用相关规范中将水源使用情况分为五类:冲厕、厨房、沐浴、盥洗和洗衣。在实际水资源的应用中,又可以将用水项目细分为其他小项,如图6-11所示。

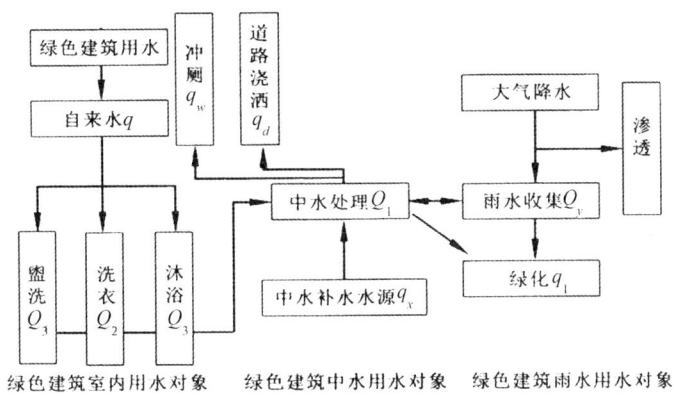

图 6-11 绿色建筑用水对象关系

(四)绿色建筑节水的决策模型

目前,建筑界的学者们已经对建筑水资源的利用提出了多种研究成果和结论,包括对绿色住宅小区的节水、中水处理、雨水收集利用等节水措施做出了科学合理的设计方案和有效的增量成本经济分析。

与传统建筑节水工艺相比,绿色节水工艺以及中水回收技术的早期资金投入要远高于传统建筑;同时对于设备的运行维护成本也相对较高,但是这些高科技节水工艺带来的经济效益、环境效益和社会效益要远远高于传统节水技术。因此政府决策者与设备开发商在绿色建筑节水技术上要进行经济博弈。也就是说,经济效益在绿色建筑发展中起到至关重要的作用。从全寿命周期的角度出发,绿色建筑节水与中水利用项目,从规划设计到施工建造再到运行维护等整个过程,需要将项目分解为不同的阶段,综合考虑建筑节水的全生命经济成本与产出,下面将对其经济成本进行分析。

第一是 C_1 即初始成本,这一成本属于一次性成本,主要包括立项、规划、设计以及建造成本。假设节水项目建造期为 t,每年的投入为定值,则现值为 C_1。

第二是日常运行成本,主要是指在节能项目运行期间消耗的能源,如果以非传统水源为主要供给源,主要包括中水和雨水,那么这些水源的净化处理成本记为 C_2。由于净化处理过程每年都会重复发生,且以 $r\%$ 的年速率增长,那么其现值为 $C_2 = P_1 \cdot Q \cdot (\frac{P}{A}, r, T)$,其中 P_1 为单位水量的能耗单价,Q 为水源处理,T 为全生命研究周期。在传统的节水净水项目中,运行成本基本为零。

第三是日常维护成本,这主要涉及节水设备、景观维护、中水设备以及绿化装置等进行维护和修理的费用,由于设备日常维护每年都会重复发生,其成本记为 C_3,现值为 $C_3 = P_2 \cdot (\frac{p}{A}r, T)$,其中 P_2 为年维护成本。

第四是管理成本,主要为建筑节能设备管理过程的费用,用于维护节水设备日常正常运行的工人开支,而且以每年 $q\%$ 的速率增长,记为 C_4,现值为 $C_4 = P_3(1+r)^{-1} \cdot [\frac{F}{A}, (1+q)(1+r)^{-1}, nnr]$,其中 P_3 为第一年日常运行年人工成本,nnr 为全生命周期研究时间。由于传统建筑的管理由建筑物业方面承担,因此可以忽略不计。

第五是大修成本,主要是指在节能项目运行中,需要更换建筑节水设备、管道大修等,这些成本在一年中是随机出现的,其费用也具有很大的随机性,记为 C_5,现值为 $C_5 = P_4 \cdot (\frac{p}{A}, R_1, n_1)$,其中 n_1 为设备的大修频率,R_1 为大修增量成本计算复利,P_4 为每次大修费。

第六是替换成本,主要是指节水项目的设备到了一定的年限就需要进行更换,这主要与各个设备的使用寿命有关。假定整个建筑节水项目的全生命周期为 50 年,给水与排水在这个年限内的更换次数为 n_2,假定一次更换成本为 R_2,那么现值为 $C_6 = P_5$,其中 P_5 为项目的设备费。

第七是在建筑节水项目的全生命周期结束后的项目残余价值,其现值为 $C_7 = C_8 \cdot (P/F, r, T)$,其中 C_8 为全生命周期末的残余值。

绿色建筑节水项目全生命周期成本的经济模型为

$$C = \sum_{i=1}^{6} C_1 - C_7$$

通过上述的绿色建筑节水成本分析,可以更加有效地进行投资分析,通过定义成本构成要素之间的相关系数,对全生命周期成本进行较为准确的预测,进行趋势分析可获得不同置信水平下的全生命周期成本额。

三、绿色建筑节材设计规则

(一)绿色建筑节材和材料利用

节材作为绿色建筑的一个主要控制指标,主要体现在建筑的设计和施工阶段。而到了运营阶段,由于建筑的整体结构已经定型,对建筑的节材贡献较小,因此绿色建筑在设计之初就需要格外地重视建筑节材技术的应用,并遵循以下 4 项原则。

1. 对已有结构和材料多次利用

在我国的绿色建筑评价标准中有相关规定,对已有的结构和材料要尽可能利用,将土建施工与装修施工一起设计,在设计阶段要综合考虑以后面临的各种问题,避免重复装修。设计可以做到统筹兼顾,将在之后的工程中遇到的问题提前给出合理的解决方案,要充分利用设计使各个构件充分发挥自身功能,使各种建筑材料充分利用。这样多次利用来避免资源浪费、减少能源消耗、减少工程量或减少建筑垃圾,从而在一定程度上改善了建筑环境。

2. 尽可能减少建筑材料的使用量

绿色建筑中要做到建筑节能首先就是减轻能源和资源消耗,最直接的手段就是减少建筑材料的使用量,特别是一些常用的材料。就像钢筋、水泥、混凝土等,这些材料的生产过程会消耗很多自然资源和能源,它的生产需要大量成本,还影响环境,如果这些材料不能合理利用就会成为建筑垃圾污染环境。建筑材料的过度生产不利于工程经济和环境的发展,所以要合理设计与规划材料的使用量,并好好管理,避免施工过程中建筑材料的浪费。

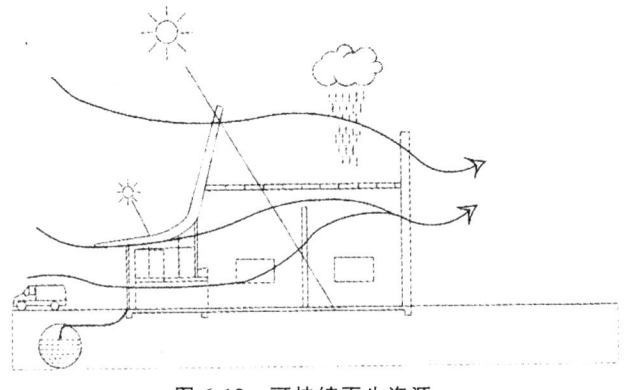

在我们的生活中可再生相关材料有很多,大体可以分为三种。第一种,本身可再生。第二种,使用的资源可再生。第三种,含有一部分可再生成分。我们自然界的资源分为两类:可再生资源和不可再生资源。可

图 6-12 可持续再生资源

再生资源的形成速率大于人类的开发利用率,用完后可以在短时间内恢复,为人类反复使用,例如,太阳能和风能,太阳可提供的能源达 100 多亿年,相对于人类的寿命来说是"取之不尽,用之不竭"的。如图 6-12 所示是利用可再生能源的建筑。这种资源对环境没有危害,污染小,是在可持续发展中应该推广使用的绿色能源。不可再生资源在使用后,短时间内不能恢复,例如,煤和石油,它们的形成时间非常长需要几百万年,如果人类继续大量开采就会出现能源枯竭。此外这种资源的使用会对环境造成不良影响,污染

环境。

如果建筑材料大量使用可再生相关材料,减少对不可再生资源的使用,减少有害物质的产生,减少对生态环境的破坏,达到节能环保的目的。

3.废弃物再利用

这里废弃物的定义比较广泛,包括生活中、建筑过程中,以及工业生产过程中产生的废弃物。实现这些废弃物的循环回收利用,可以较大程度地改善城市环境,此外节约大量的建筑成本,实现工程经济的持续发展。我们要在确保建筑物的安全以及保护环境的前提下尽可能多地利用废弃物来生产建筑材料。国标中也有相关规定,使我们的工程建设更多地利用废弃物生产的建筑材料,减少同类建筑材料的使用,二者的使用比例要不小于50％。

4.建筑材料的使用遵循就近原则

国家标准规范中对建筑材料的生产地有相关要求,总使用量70％以上的建筑材料生产地距离施工现场不能超过500km,即就近原则。这项标准缩短了运输距离,在经济上节约了施工成本,选用本地的建筑材料避免了气候和地域等外界环境对材料性质的影响,在安全上保证了施工质量。建筑材料的选择应该因地制宜,本地的材料既可以节约经济成本又可以保证安全施工质量,因此就近原则非常适用。

(二)节能材料在建筑设计中的应用

在城市发展进程中建筑行业对国民经济的推动功不可没,特别是建筑材料的大量使用。要实现绿色建筑,实现建筑材料的节能是重要环节。对于一个建筑工程,我们要从建筑设计和建筑施工等各个方面来逐一实现材料的节能。在可持续发展中应该加强建设并推广使用节能材料,这样在保证经济稳步增长的同时又能保护环境。现在国际上出现了越来越多的绿色建筑的评价标准,我们在设计和施工中要严格按照标准来选用合适的建筑材料,向节能环保的绿色建筑方向发展。

1.节能墙体

节能墙体材料取代先前的高耗能的材料应该在建筑设计中被广泛利用,以达到国家的节能标准。在建筑设计中,采用新型优质墙体材料可以节约资源,将废弃物再利用,保护环境,此外优质的墙体材料带给人视觉和触觉上的享受,好的质量可以提高舒适度以及房屋的耐久性。在节能墙体中可以再次利用的废弃物种类有废料和废渣等建筑垃圾,把它们重新用于工程建设,变废为宝,节约了经济成本的同时又保护环境,实现可持续发展。随着城市的发展,绿色节能建筑也飞快发展,节能环保墙体材料的种类也越来越多,形式也逐渐多样化,由块、砖、板以及相关的复合材料组成。我国学者结合本国实际国情以及国外研究现状又逐渐发展出更多的新型墙体材料,经过多年的研究和发展,有一些主要的节能材料已经在实际工程中广泛应用,例如混凝土空心砌块,在保证自身强度的前提下尽可能减少自重,减少材料的使用。

2. 节能门窗

绿色建筑不断发展,节能材料逐渐变得多样性,技能技术也快速发展,为实现我国建筑行业的可持续发展奠定了基础。节能材料不再是仅仅注重节能的材料,更人性化地加入了环保、防火和降噪等特点。这种材料的应用将人文和环境更加紧密融合在一起。这些新型节能材料的使用,提高了建筑物的性能,如保温性、隔热性和隔声性等,同时也促进了相关传统产业的发展。建筑节能主要从各个构件入手,门窗是必不可少的构件,它的节能对整体建筑的节能必不可少。相关资料显示,建筑热能消耗的主要方式就是通过门窗的空气渗透以及门窗自身散热功能,约有一半的热能以这种形式流失。门窗作为建筑物的基本构件,直接与外界环境接触,热能流失比较快,所以可以从改变门窗材料来减少能耗,提高热能的使用率,进一步节约供热资源。

3. 节能玻璃

玻璃作为门窗的基本材料,它的材质是门窗节能的主要体现。采用一些特殊材质的玻璃来实现门窗的保温、隔热和低辐射功能。在整个建筑过程中,节能环保的思想要贯穿于整个设计以及施工过程,尽可能采用节能玻璃。随着绿色建筑的发展,节能材料种类的增多,节能玻璃也有很多种,最常见的是单银(双银)Low-E 玻璃。以上提到的这种节能玻璃广泛应用于绿色建筑。它具有优异的光学热工特性,这种性能加上玻璃的中空形式使节能效果特别显著。在建筑设计以及施工过程中将这种优良的节能材料充分地应用于建筑物中,会使整体的节能性能得到最大限度地发挥。

4. 节能外围

建筑物的外围和外界环境直接接触,在建筑节能中占有主要地位,所占比例约有 56%。如图 6-13 所示,墙和屋顶是建筑物外围的主要构件,在建筑物整体节能中占有主要地位。例如,水立方的建设就充分使用了节能外围材料,水立方的外墙透光性极强,使游泳中心内的自然光采光率非常高,不仅高度节约了电能,而且在白天走进体育馆内部也会有种梦境般的感觉,向世界展示了我国在节能材料领域的成就。气泡型的膜结构幕墙,给人以舒适感,展示了最先进的技术,代表着我国对节能外围材料的研究已经达到国际水平,并将其推广应用到实际工程。

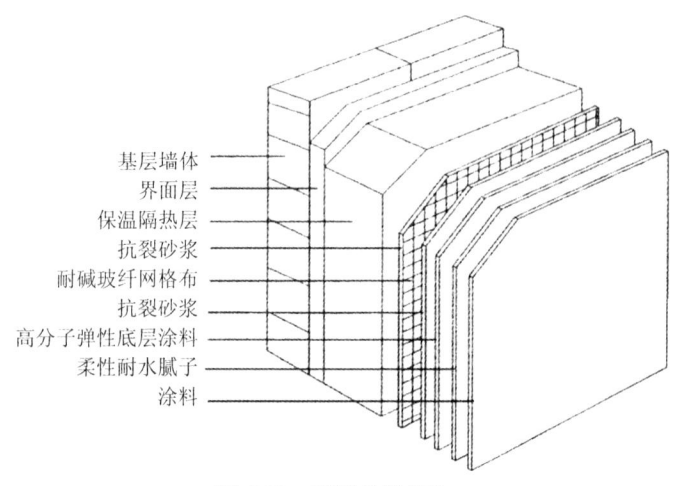

图 6-13 节能外围结构

此外,除了墙体材料的设计,屋顶在设计中也可以实现节能。我们可以在屋顶的设计中加入对太阳能的利用,将这种可再生能源更大限度地转化成其他形式的能源,来减少不可再生资源的消耗。这种设计绿色、经济、环保,在推动经济稳步发展的同时又符合我国可持续发展的总目标。

5. 节能功能材料

影响建筑节能的指标中还有一项是不可或缺的节能功能材料,它通常由保温材料、装饰材料、化学建材和建筑涂料等组成。不仅增强建筑物的保温、隔热、隔声等性能,还增加建筑物的外延和内涵,增强它的美观性能。这些节能功能材料既能满足建筑物的使用功能,又增加了它的美观性,是一种绿色、经济、适用、美观的材料。目前节能功能材料主要以各种复合形式或化学建材的形式存在,新型的化学建材逐渐在节能功能材料中占据主导地位。

(三)建筑节材技术

建筑是关系到国计民生的一个重要领域。据统计,我国既有建筑和新建建筑中仅有 4% 采用了节能措施,如今建筑能耗已经与工业能耗、交通能耗并列成为我国3大"耗能大户"。

1. 废弃物的循环再利用

(1)矿物掺合料的使用

矿物掺和料是指用在混凝土和砂浆中的可替代水泥使用的具有潜在水化活性的矿物粉料。目前应用的主要有粉煤灰、矿渣、硅灰等。在混凝土配合比设计时,由于掺和料与水泥颗粒细度的不同,会具有一定的超叠加效应和密实堆积效应,从而使得混凝土的孔隙率降低,密实度升高,可有效提升混凝土的抗渗性能和力学性能,配制出高性能的混凝土,满足不同工程的需求且不同掺和料之间水化活性的不一致。还可形成次第水化效应,水化活性高的掺和料优先水化,产生的水化产物可填充到尚未水化的掺和料与砂、石之间的间隙中,进一步提高混凝土的整体密实程度,促使其力学性能、抗渗性能提高。

随着材料制备技术的提高,矿物掺和料取代水泥的量可高达70%,大量节约了建筑工程的水泥用量。掺和料的应用还会对混凝土的其他性能有一定的提升作用:如矿渣可提高混凝土的耐磨性能,可用于机场和停车场;粉煤灰可有效降低混凝土的水化热,减少其因温度应力而形成的开裂;硅灰可提高混凝土的早期强度,有利于缩短工期。

(2)造纸污泥制备复合塑料护栏的技术

造纸污泥主要有生物污泥、碱回收白泥和脱墨污泥三种。其中生物污泥是指造纸厂所排放废水经处理后产生的纤维、木质素及其衍生物和一些有机物质等沉淀物;碱回收白泥是白泥回收工段苛化反应的产物。主要成分是碳酸钙;脱墨污泥则产生于废纸脱墨过程。可将这些污泥掺入聚丙烯树脂中,经熔融、混炼、挤塑和模压等工序加工成护栏,可应用于建筑、道路和公园等各种护栏,取代部分金属材料。除了造纸污泥外,湖底和河底的淤污泥,工业生产排放的废水污泥,部分工业废渣等,因其都含有一定量的硅铝化合物,都可用于生产水泥、陶粒和空心砖等建筑材料。

(3)磷石膏生产石膏砌块的技术

磷石膏是指在磷酸生产中用硫酸处理磷矿时产生的固体废渣。其主要成分为硫酸钙。经净化后,加入一定的砂和水泥,采用一定的压力压制成型即可生产出高强度的石膏砌块。且具有质轻、体薄、平整度好,以及隔音、防火、保温和可调节室内温湿度的优点。砌块在安装中可锯、可刨和可钉,安装、装修方便,产生的建筑垃圾量少,用于住宅和公共建筑的内隔墙、填充墙、吸音墙、保温墙和防火墙等部位,可大大节约砖材的使用。

(4)加固材料的应用

加固材料是指利用粉煤灰、钢渣和炉渣等具有潜在水化活性的工业废料与碱激发剂按一定比例混合而成可固结土壤的材料。这种材料具有高渗透性和固结性能,材料的流动度、扩散度大,具有优良的可灌性,早期强度高,后期强度仍可增长;可实现单液灌浆、定量校准、无噪声、工艺简单;可用于建筑地基土坡、隧道土壤的加固。

2.可再生材料的应用

(1)植物纤维水泥复合墙板

植物纤维水泥复合墙板是一种新型的生态墙板。该墙板以可再生的木材或农作物秸秆(如棉秆、玉米秆、麦草、高粱秆、麻秆、烟秆等)为增强材料,以水泥、粉煤灰、钢渣等胶凝材料为黏合剂,加上一定的特种添加剂按比例注模成型,经冷压或热压或自然养护成板。它具有节能、环保、隔声和节水等特点,可加快施工进度、工业化生产程度高。它适用于住宅和公共建筑的非承重内外隔墙。

(2)纤维石膏板

以建筑石膏和植物纤维为主要原料,经半干法工艺生产压制而成,具有轻质高强、防火、隔音和环保等特性,施工安装方便,表面可做不同装饰。适用于住宅和公共建筑的非承重内隔墙及吊顶。

第四节 绿色建筑环保设计

一、绿色建筑室内空气质量

室内环境一般泛指人们的生活居室、劳动与工作的场所以及其他活动的公共场所等。人的一生 80%～90% 的时间是在室内度过的,在室内很多污染物的含量比室外更高。因此,从某种意义上讲,室内空气质量(IAQ)的好坏对人们的身体健康及生活的影响远远高于室外环境。

从 20 世纪 70 年代开始,人们开始意识到能源危机,因此人们开始研究在建筑中的能源使用率。由于在早期人们对节能效率较为重视,而对室内空气质量的重视不够,造成很多建筑采用全封闭不透气结构,或者室内空调系统的通风效率很低,室内的新风量获得较少,造成室内空气质量较差,造成建筑综合征频发。随着经济的飞速发展和社会进步,人们越来越崇尚居室环境的舒适化、高档化和智能化,由此带动了装修装饰热和室内设施现代化的兴起。良莠不齐的建筑材料、装饰材料以及现代化的家电设备进驻室内,使得室内污染物成分更加复杂多样。

研究表明,室内污染物主要包括物理性、化学性、生物性和放射性污染物四种,其中物理性污染物主要包括室内空气的温湿度、气流速度和新风量等;化学性污染物是在建筑建造和室内装修过程中采用的甲醛、甲苯、苯以及吸烟产生的硫化物、氮氧化物以及一氧化碳等;生物性污染物则是指微生物,主要包括细菌、真菌、花粉以及病毒等;放射性污染物主要是室内酚及其子体。室内空气污染主要以化学性污染最为突出,甲醛已经成为目前室内空气中首要的污染物而受到各界极大的关注。

室内空气质量的主要指标包括室内空气构成及其含量、化学与生物污染物浓度;室内物理污染物的指标包括温度和湿度、噪声、震动以及采光等。影响室内空气含量的因素主要是我们平时较为关心的室内空气构成及其含量。从这一方面分析,空气中的物理污染物会提高室内的污染物浓度,导致室内空气质量下降。同时室外环境质量、空气构成形式以及污染物的特点等也会影响室外空气质量。因此,在营造良好的室内空气质量环境时,需要分析研究空气质量的构成与作用方式,从而得到正确的措施。

(一)室内温湿度

室内温湿度,顾名思义,是指室内环境的温度和相对湿度,这两者不但影响着室内温湿度调节,而且影响着室内人体与周围环境的热对流和热辐射,因此室内温度是影响人体热舒适的重要因素。有关调查表明,室内的空气温度为 25℃ 时,人们的脑力劳动的工作效率最高;当室内的温度低于 18℃ 或高于 28℃ 时,工作效率将会显著下降。如果将 25℃ 时对应的工作效率为 100%,那么当室内温度为 10℃ 时的工作效率仅为 30%,因此卫生组织将 12℃ 作为室内建筑热环境的限值。空气湿度对人体的表面的水分蒸发散热有直接影响,进而会影响人体的舒适度。但相对湿度太低时,会引起人们的皮肤干燥或者开裂,甚至会影响人体的呼吸系统而导致人体的免疫力下降。当室内的相对湿度较大时,容易造成室内的微生物以及真菌的繁殖,造成室内空气污染,甚至这些微生物会引起呼吸道疾病。

(二)新风量

如图 6-14 所示为室内新风系统,为了保证室内的空气质量,进入室内的新风量需要满足要求,要求主要包括"质"和"量"。"质"要求新风保证无污染、无气味,不对人体的健康造成影响;"量"则是指到达室内的空气含量能够满足室内空气新风量达到一定的水平。在过去的空调设计中,只考虑室内人员呼吸造成的空气污染,而忽略了室内污染物对空气的污染,造成室内空气质量不良,这需要在空调设计中加以重视,从而保证室内空气质量。

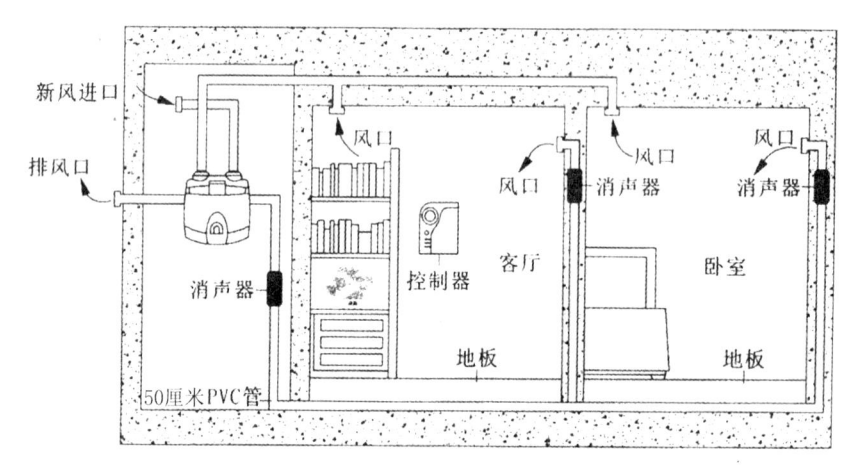

图 6-14 室内新风系统

(三)气流速度

与室外空气对环境质量的影响机理相同,室内气流速度也会对污染物起到稀释和扩散作用。如果室内空气长时间不流通,就可能造成人体的窒息、疲劳、头晕,以及呼吸道和其他系统的疾病等。此外,室内气流速度也会影响到人体的热对流和交换,因此可以采用室内空气流通清除微生物和其他污染物。

(四)空气污染物

按照室内污染物的存在状态,可以将污染物分为悬浮颗粒物和气体污染物两类。其中悬浮颗粒物中包括固体污染物和液体污染物,主要表现为有机颗粒、无机颗粒、微生物以及胶体等;而气体污染物则是以分子状态存在的污染物,表现为无机化合物、有机物和放射性污染物等。

二、改善室内空气质量的技术措施

据美国职业安全与卫生研究所(NIOSH)的研究显示,导致人员对室内空气质量不满意的主要因素如表 6-8 所示。

表 6-8　美国职业安全与卫生研究所调查结果

通风空调系统	48.3%	建筑材料	3.4%
室内污染物(吸烟产生的除外)	17.7%	过敏性(肺炎)	3.0%
室内污染物	10.3%	吸烟	2.0%
不良的温度控制	4.4%	不明原因	10.9%

因此,可见要想更好地改善室内空气质量,关键是完善通风空调系统和消除室内、室外空气污染物。从影响室内空气质量的主要因素及其相互间关系出发,提出了改善室内空气品质的具体措施。

(一)改进送风方式和气流组织

室内外的空气质量是相互影响的,置换通风送风方式在空调建筑中使用比较普遍。与传统的混合送风方式相比较,基于空气的推移排代原理,将室内空气由一端进入而又从另一端将污浊空气排出。这种方式,可以将空气从房间地板送入,依靠热空气较轻的原理,使得新鲜空气受到较小的扰动,经过工作区,带走室内比较污浊的空气和余热等。上升的空气从室内的上部通过回风口排出。

此时,室内空气温度呈分层分布,使得污染也是呈竖向梯度分布,能够保持工作区的洁净和热舒适性。但是目前置换通风也存在着一定的问题。人体周围温度较高,气流上升将下部的空气带入呼吸区,同时将污染导入工作层,降低了空气的清新度。采用地板送风的方式,当空气较低且风速较大时,容易引起人体的局部不适。通过 CFD 技术,建立合适的数学物理模型,研究通风口的设置与风速大小对人体舒适度的影响,能够有效地节约成本,因此目前已经研究置换通风的新方法。此外,可以通过计算流体力学的方法,模拟分析室内空调气流组织形式,只要通过选择合适的数学和物理模型,就可以通过计算流体力学方法计算室内各点的温度、相对湿度、空气流动速度,进而可以提高室内换气速度和换气速率。同时,还可以通过数值模拟的方法,判断室内的空气流通的规律,进而判断室内空气的新鲜程度,从而优化设计方案,合理营造室内气流组织。通过上述分析,改善与调节室内通风,提高室内的自然通风,是一项较为科学经济有效的方法。

(二)通风空调系统的改进措施

空调系统的改进主要包括空调设备的选择以及通风管道系统的设计与安装,从而能够减少室内灰尘和微生物对空气的污染。在安装通风管道时要特别注意静压箱和管件设备的选择,从而保证室内的相对湿度能够处于正常水平,以减缓灰尘和微生物的滋生,美国暖通空调学会的标准对室内的空调系统的改进进行了特别的说明。同时要求控制通风盘管的风速,进行挡水设计,一般地,要求空调带水量为1.148以内,从而能够确保空调带水量能够在空气流通路径中被完全吸收,从而减少对下游管道的污染。此外,对于除湿盘管,要设计有一定的坡度并保证其封闭性,从而在各种情况下可以实现集水作用,还要求系统能够在3分钟之内迅速排出凝水,在空调停止工作之后,能够保证通风,直至凝结水完全排出。

针对由于人类活动和设备所产生的热量超过设计的容量,产生的环境及空气问题往往在建筑设计中通过以下的措施来解决:①在人员比较密集的空间,安装二氧化碳及VOC等传感装置,实时监测室内空气质量,当空气质量达不到设定标准时,触动报警开关,从而接通入风口开关,增大进风量。②在油烟较多的环境中,加装排油通风管道。③其他的优化措施还包括:有效率合理地利用各等级空气过滤装置,防止处理设备在热湿情况下的交叉污染;在通风装置的出风口处加装杀菌装置;并对回收气体合理化处理再利用。一个高质量设备实现设计目标的前提应该包括:合理规范的前期测试及正确的安装程序,在设备的运行过程中更要有负责的监管和维护。

(三)建筑维护和室内空调设备的运行管理

建筑材料、室内设备和家具在使用过程中,应包括定期的安全清洁检查和维修,防止化学颗粒沉积,滋生有害细菌。空调系统是室内空气污染的主要源头,空调系统的清洁和维护更是尤其重要。空调系统的清洁和维护主要分为两部分:①风系统。风系统的维护方法主要有人工、机械化及自动化的方式。②水系统。水系统的维护和清洁主要有物理和化学两种。其中化学方法比较普遍,应用得较广泛,利用人工或者自动向水系统中投入化学试剂来实现除尘、杀菌、清洁和排废水等。

主要参考文献

[1]杨丽.绿色建筑设计——建筑节能[M].上海:同济大学出版社,2016.

[2]张泉,黄富民,王树盛.低碳生态的城市交通规划应用方法与技术[M].北京:中国建筑工业出版社,2015.

[3][德]费林·加佛龙,[荷]格·胡伊斯曼,[奥]佛朗茨·斯卡拉著.李海龙,译.生态城市——人类理想居所及实现途径[M].北京:中国建筑工业出版社,2015.

[4]郑博福.城市环境及生态学[M].北京:中国水利水电出版社,2016.

[5]冉茂宇,刘煜.生态建筑[M].武汉:华中科技大学出版社,2014.

[6]海晓风.绿色建筑工程管理现状及对策分析[M].长春:东北师范大学出版社,2017.

[7]钱易,吴志强,江亿,等.生态文明建设和新型城镇化及绿色消费研究[M].北京:科学出版社,2017.

[8]仇保兴.弘扬传承与超越——中国智慧生态城市规划建设的理论与实践[M].北京:中国建筑工业出版社,2014.

[9]赵强,叶青.城市健康生态社区评价体系整合研究[M].武汉:华中科技大学出版社,2017.

[10]何玉宏.城市绿色交通论[M].北京:光明日报出版社,2015.

[11]何梅,汪云,夏巍,等.特大城市生态空间体系规划与管控研究[M].北京:中国建筑工业出版社,2009.

[12]薛进军.低碳经济学[M].北京:社会科学文献出版社,2011.

[13]吴良镛.人居环境科学导论[M].北京:中国建筑工业出版社,2011.

[14][美]哈泽尔巴赫·L著;单英华,蒋冬芹,胡春艳,译.LEED-NC工程指南:工程师可持续建筑手册[M].沈阳:辽宁科学技术出版社,2010.

[15]刘思华.企业生态环境优化技巧[M].北京:科学出版社,1991.

[16]张维庆.人口、资源、环境与可持续发展干部读本[M].杭州:浙江人民出版社,2004.

[17]City of Philadelphia Green Streets Design Manual. http://www.philly watersheds.org/img/GSDM/GSDM_FINAL_20140211.pdf.2014-02-11.

[18]江苏省住房和城乡建设厅.江苏省城市综合交通规划导则[S].南京:江苏人民出版社,2012.

[19]张洪波.低碳城市的空间结构组织与协同规划研究[D].哈尔滨:哈尔滨工业大学,2012.

[20]李晓燕,陈红.城市生态交通规划的理论框架[J].长安大学学报(自然科学版).2006,26(1):79-82.

[21]杨少辉,马林,陈莎.城市和城市交通发展轨迹及互动关系[J].城市交通,2009,7(1):1-6.

[22]姜洋.低碳生态城市发展八原则[J].城市交通,2011(3):13.

[23]李鸣.生态文明背景下低碳经济运行机制研究[J].企业经济,2011(2).

[24]施恬.从低碳经济的特点看我国经济发展的路径选择[J].企业经济,2011(3).

[25]赵景柱.社会—经济—自然复合生态系统持续发展评价指标的理论研究[D].生态学报,1995,15(3):327-329.

[26]李健斌,陈鑫.世界可持续发展指标体系探究与借鉴[J].理论界,2010(1):53-54.

[27]陆键.当代世界城市低碳本位的交通战略[J].上海城市管理,2011(1):47-51.

[28]崔凤安.城市交通发展要节约利用土地资源[J].综合运输,2006(2):27-31.

[29]王雪.交通运输的可持续发展[J].黑龙江交通科技,2010(7):215-217.

[30]刘思华.社会主义初级阶段生态经济的根本特征与基本矛盾[J].广西社会科学,1988(4).

[31]沈清基,安超,刘昌寿.低碳生态城市的内涵、特征及规划建设的基本原理探讨[J].城市规划学刊,2010(5):48-57.

[32]刘燕辉,赵旭.健康住宅建设指标体系的建立与实施[J].建筑学

报,2008(11):11—14.

[33]路甬祥.在2008浙江暨杭州市科协年会开幕式上的报告[N].杭州日报,2008—09—28.

[34]刘效仁.环境问题为啥引发群体性事件[N].中国环境报,2008—09—19.